Bibliografische Information der Deutschen Nationalbibliothek:

Die Deutsche Bibliothek verzeichnet diese Publikation in der Deutschen National-
bibliografie; detaillierte bibliografische Daten sind im Internet über http://dnb.d-
nb.de/ abrufbar.

Impressum:

Copyright © 2015 GRIN Verlag, Open Publishing GmbH
Druck und Bindung: Books on Demand GmbH, Norderstedt Germany
ISBN: 9783656913849

Dieses Buch bei GRIN:

https://www.grin.com/document/293794

Erich Bulitta, Hildegard Bulitta

Nachhilfe Mathematik - Teil 2: Bruchrechnen und Dezimalzahlen

GRIN Verlag

GRIN - Your knowledge has value

Der GRIN Verlag publiziert seit 1998 wissenschaftliche Arbeiten von Studenten, Hochschullehrern und anderen Akademikern als eBook und gedrucktes Buch. Die Verlagswebsite www.grin.com ist die ideale Plattform zur Veröffentlichung von Hausarbeiten, Abschlussarbeiten, wissenschaftlichen Aufsätzen, Dissertationen und Fachbüchern.

Besuchen Sie uns im Internet:

http://www.grin.com/

http://www.facebook.com/grincom

http://www.twitter.com/grin_com

Reihe
Nachhilfe Mathematik

Teil 2: Bruchrechnen und Dezimalzahlen

Gesamtband

Erich und Hildegard Bulitta

Vorwort – Teil 2: Bruchrechnen und Dezimalzahlen

Liebe Schülerinnen und Schüler,
liebe Eltern, liebe Lehrerinnen und Lehrer!

Die neue Reihe „Nachhilfe – Mathematik" wendet sich an alle Schülerinnen und Schüler, die ihre schulischen Leistungen im Fach Mathematik verbessern und vertiefen wollen, um bessere Noten zu erzielen und fit für den Übergang in eine andere Schulart zu werden.

Eltern haben mit diesen pädagogisch erprobten Aufgaben die Möglichkeit, die schulischen Leistungen ihrer Kinder zu verbessern, sie für das Fach Mathematik zu motivieren, so dass auch der Übergang in eine andere Schulform leichter fällt.

Die Reihe „Nachhilfe – Mathematik" wendet sich aber auch an Lehrerinnen und Lehrer, die die einzelnen Arbeitsblätter einfach kopieren und für ihren Einsatz im Unterricht (auch für Vertretungsstunden) einsetzen können. Auf diese Weise brauchen sie sich nicht die Mühe machen, selbst Aufgaben so zusammenzustellen, dass sie ihre Schülerinnen und Schüler auch verstehen und sie ihren Erfolg selbst sehen.

Die Seiten sind so gestaltet, dass die Aufgaben direkt bearbeitet werden können. Selbstverständlich können die einzelnen Bände dieser Reihe ganz alleine durchgearbeitet werden, aber besser ist es sicherlich, wenn jemand den Fortschritt kontrolliert. Die Aufgaben werden in kleinen Schritten erklärt und erarbeitet, so dass es leicht ist, zu verstehen, wie das „Rechnen" geht. Die verschiedenen Aufgaben können dann selbst nachvollzogen und angewandt werden. Der Lösungsteil dient der Kontrolle. Im Anhang werden jeweils verschiedene wichtige Grundlagen für das Fach Mathematik angegeben.

Die Reihe „Nachhilfe – Mathematik" ist unabhängig von Jahrgangsstufe, Schulart und Schulbuch und bietet in konzentrierter Form jeweils einen Teilbereich des Faches Mathematik an.

Jeder einzelne Teil der Reihe gliedert sich in zwei Einzelbände (Band 1 und Band 2) und einen Gesamtband, der die beiden Bände 1 und 2 enthält.

Teil 2 dieser Reihe behandelt das Bruchrechnen und Dezimalzahlen, die eine Form von Brüchen sind. Das Rechnen mit Brüchen und Dezimalzahlen ist für viele Rechenarten notwendig.

Dabei werden die einzelnen Teilgebiete (Brüche erweitern, kürzen, addieren, subtrahieren, multiplizieren und dividieren, Grundrechnungsarten mit Brüchen, grundlegende Übungen mit Dezimalzahlen, mit Größen rechnen, Dezimalzahlen addieren, subtrahieren multiplizieren und dividieren, Bruch- und Dezimalzahlen) in kleinen Schritten behandelt und ausführlich erklärt. Somit ergibt sich eine echte Nachhilfe, um sicher damit umzugehen. Die Aufgaben sind so aufgebaut, dass sie alleine und ohne fremde Hilfe gelöst werden können. Die jeweiligen Arbeitshefte sind so angelegt, dass in das Heft geschrieben werden kann.

Ausgehend von „leichten" Aufgaben werden die Schüler auch an schwierigere Aufgaben und Sachaufgaben herangeführt. Die Lösungsschritte werden erklärt und am Ende zeigen die Lösungen, ob richtig gerechnet worden ist.

Zum Schluss noch ein Tipp: Arbeite das Heft sorgfältig durch, dann bekommst du die Sicherheit, die du für das Fach Mathematik brauchst. Wir wünschen dir viel Spaß dabei.

Empfehle diese Reihe auch deinen Mitschülerinnen und Mitschülern, die Schwierigkeiten im Fach Mathematik haben und sich verbessern wollen.

Die Reihe Nachhilfe – Mathematik

Teil 1: **Grundrechnungsarten und Zahlenraum bis zur Billion**

Teil 2: **Bruchrechnen und Dezimalzahlen**

Teil 3: **Gleichungen**

Teil 4: **Prozentrechnen**

Teil 5: **Zins- und Promillerechnen**

Teil 6: **Übungsbuch zur gezielten Vorbereitung auf Abschlussprüfungen – Kopiervorlagen**

Folgt dem QR-Code zu allen bereits veröffentlichten Bänden der Reihe „Nachhilfe Mathematik":
https://www.grin.com/profile/1095312/#documents

Inhaltsverzeichnis – Bruchrechnen: Gesamtband

Bruchzahlen – Brüche erweitern und kürzen

1. Brüche erweitern

Marco und Jochen trumpfen auf. Jeder behauptet mehr Kuchen essen zu können.
Marco: „Ich esse drei Fünftel einer Torte!"
Jochen: „Das ist doch gar nichts, ich kann vier Achtel davon verdrücken!"
Wer hat Recht?
Du kannst die beiden Bruchteile nicht einfach vergleichen, da sie nicht den gleichen Nenner besitzen. Um tatsächlich feststellen zu können, wer mehr essen kann, musst du die Brüche gleichnamig machen, das heißt, sie müssen den gleichen Nenner haben.

Beispiel: $\dfrac{3 \cdot 8}{5 \cdot 8} = \dfrac{24}{40} \quad > \quad \dfrac{4 \cdot 5}{8 \cdot 5} \quad = \quad \dfrac{20}{40}$

$$\dfrac{24}{40} \quad > \quad \dfrac{20}{40}$$

$$\dfrac{3}{5} \quad > \quad \dfrac{4}{8}$$

Marco hat also tatsächlich mehr gegessen.

Regel: Brüche werden gleichnamig gemacht, indem man Zähler und Nenner mit der gleichen Zahl malnimmt (= Erweiterungszahl).

Das wollen wir nun üben.

1. Erweitere die folgenden Brüche jeweils mit 2; 3; 4; 5 und 12. Schreibe wie im Beispiel.

Beispiel: erweitert mit 2: $\dfrac{6 \cdot 2}{7 \cdot 2} = \dfrac{12}{14}$

erweitert mit 2: $\dfrac{3}{4}$ _____ $\dfrac{2}{7}$ _____

$\dfrac{5}{8}$ _____ $\dfrac{9}{12}$ _____

$\dfrac{7}{13}$ _____ $\dfrac{4}{9}$ _____

$\dfrac{3}{5}$ _____ $\dfrac{2}{3}$ _____

$\dfrac{5}{6}$ _____ $\dfrac{1}{2}$ _____

$\dfrac{6}{11}$ _____ $\dfrac{10}{13}$ _____

$\dfrac{15}{17}$ _____ $\dfrac{21}{22}$ _____

$\dfrac{5}{14}$ _____ $\dfrac{7}{19}$ _____

erweitert mit 3: $\frac{3}{4}$ _____ $\frac{2}{7}$ _____

$\frac{5}{8}$ _____ $\frac{9}{12}$ _____

$\frac{7}{13}$ _____ $\frac{4}{9}$ _____

$\frac{3}{5}$ _____ $\frac{2}{3}$ _____

$\frac{5}{6}$ _____ $\frac{1}{2}$ _____

$\frac{6}{11}$ _____ $\frac{10}{13}$ _____

$\frac{15}{17}$ _____ $\frac{21}{22}$ _____

$\frac{5}{14}$ _____ $\frac{7}{19}$ _____

erweitert mit 4: $\frac{3}{4}$ _____ $\frac{2}{7}$ _____

$\frac{5}{8}$ _____ $\frac{9}{12}$ _____

$\frac{7}{13}$ _____ $\frac{4}{9}$ _____

$\frac{3}{5}$ _____ $\frac{2}{3}$ _____

$\frac{5}{6}$ _____ $\frac{1}{2}$ _____

$\frac{6}{11}$ _____ $\frac{10}{13}$ _____

$\frac{15}{17}$ _____ $\frac{21}{22}$ _____

$\frac{5}{14}$ _____ $\frac{7}{19}$ _____

erweitert mit 5: $\frac{3}{4}$ _____ $\frac{2}{7}$ _____

$\frac{5}{8}$ _____ $\frac{9}{12}$ _____

$\frac{7}{13}$ _____ $\frac{4}{9}$ _____

$\frac{3}{5}$ _____ $\frac{2}{3}$ _____

$\frac{5}{6}$ _____ $\frac{1}{2}$ _____

$\frac{6}{11}$ _____ $\frac{10}{13}$ _____

$\frac{15}{17}$ _____ $\frac{21}{22}$ _____

$\frac{5}{14}$ _____ $\frac{7}{19}$ _____

erweitert mit 12: $\frac{3}{4}$ _____ $\frac{2}{7}$ _____

$\frac{5}{8}$ _____ $\frac{9}{12}$ _____

$\frac{7}{13}$ _____ $\frac{4}{9}$ _____

$\frac{3}{5}$ _____ $\frac{2}{3}$ _____

$\frac{5}{6}$ _____ $\frac{1}{2}$ _____

$\frac{6}{11}$ _____ $\frac{10}{13}$ _____

$\frac{15}{17}$ _____ $\frac{21}{22}$ _____

$\frac{5}{14}$ _____ $\frac{7}{19}$ _____

2. Schreibe wie im Beispiel. Erweitere die folgenden Brüche so,

a) dass der Nenner 12 ist:

Beispiel: $\frac{3 \cdot 3}{4 \cdot 3} = \frac{9}{12}$

$\frac{1}{2}$ _____ $\frac{5}{6}$ _____

$\frac{2}{3}$ _____ $\frac{1}{4}$ _____

$\frac{7}{6}$ _____ $\frac{1}{3}$ _____

b) dass der Nenner 30 ist:

$\frac{2}{3}$ _____ $\frac{7}{15}$ _____

$\frac{1}{2}$ _____ $\frac{4}{6}$ _____

$\frac{3}{5}$ _____ $\frac{9}{10}$ _____

c) dass der Nenner 48 ist:

$\frac{11}{12}$ _____ $\frac{23}{24}$ _____

$\frac{5}{8}$ _____ $\frac{2}{3}$ _____

$\frac{1}{2}$ _____ $\frac{7}{6}$ _____

$\frac{3}{4}$ _____ $\frac{9}{12}$ _____

d) dass der Nenner 60 ist:

$\frac{19}{20}$ _____ $\frac{9}{15}$ _____

$\frac{1}{4}$ _____ $\frac{4}{5}$ _____

$\frac{11}{12}$ _____ $\frac{5}{6}$ _____

$\frac{2}{3}$ _____ $\frac{7}{10}$ _____

$\frac{23}{30}$ _____ $\frac{1}{2}$ _____

3. Womit wurde erweitert? Finde die Erweiterungszahl und schreibe wie im Beispiel.

Beispiel: $\frac{1}{2} \cdot \underline{\textbf{4}} = \frac{4}{8}$

a) $\frac{3}{8} \cdot$ _____ $= \frac{27}{72}$ $\frac{9}{13} \cdot$ _____ $= \frac{45}{65}$ $\frac{7}{5} \cdot$ _____ $= \frac{14}{10}$ $\frac{2}{7} \cdot$ _____ $= \frac{4}{14}$

b) $\frac{2}{9} \cdot$ _____ $= \frac{10}{45}$ $\frac{15}{19} \cdot$ _____ $= \frac{135}{171}$ $\frac{11}{12} \cdot$ _____ $= \frac{33}{36}$ $\frac{10}{19} \cdot$ _____ $= \frac{40}{68}$

2. Brüche kürzen

Nachdem du nun das Erweitern von Brüchen geübt hast, wird dir das Kürzen sicher nicht schwer fallen. Es ist der umgekehrte Rechenvorgang. Der Vorteil des Kürzens ist, dass man mit kleineren Brüchen und damit auch mit kleineren Zahlen rechnen kann.

Tipp: Übe das Einmaleins und schaue dir die Teilbarkeitsregeln im Anhang an.

Regel: Brüche werden gekürzt, indem man Zähler und Nenner durch die gleiche Zahl teilt (= Kürzungszahl).

1. *Kürze die folgenden Brüche jeweils durch die angegebenen Zahlen. Schreibe wie im Beispiel.*

Beispiel: gekürzt durch 3: $\frac{15:3}{24:3} = \frac{5}{8}$

a) *gekürzt durch 2:*

$\frac{8}{14}$ _____ $\frac{6}{16}$ _____ $\frac{10}{18}$ _____

$\frac{4}{24}$ _____ $\frac{12}{26}$ _____ $\frac{2}{20}$ _____

b) *gekürzt durch 3:*

$\frac{3}{12}$ _____ $\frac{9}{15}$ _____ $\frac{12}{33}$ _____

$\frac{6}{15}$ _____ $\frac{18}{66}$ _____ $\frac{27}{300}$ _____

c) *gekürzt durch 4:*

$\frac{8}{12}$ _____ $\frac{4}{16}$ _____ $\frac{24}{28}$ _____

$\frac{8}{36}$ _____ $\frac{12}{16}$ _____ $\frac{40}{44}$ _____

d) *gekürzt durch 5:*

$\frac{5}{10}$ _____ $\frac{10}{25}$ _____ $\frac{25}{35}$ _____

$\frac{15}{55}$ _____ $\frac{5}{50}$ _____ $\frac{100}{105}$ _____

e) *gekürzt durch 7:*

$\frac{7}{14}$ _____ $\frac{14}{35}$ _____ $\frac{21}{49}$ _____

$\frac{28}{63}$ _____ $\frac{35}{84}$ _____ $\frac{21}{70}$ _____

f) gekürzt durch 8:

$\dfrac{8}{16}$ ———————— $\dfrac{24}{32}$ ———————— $\dfrac{16}{40}$ ————————

$\dfrac{48}{56}$ ———————— $\dfrac{80}{96}$ ———————— $\dfrac{8}{64}$ ————————

g) gekürzt durch 9:

$\dfrac{9}{27}$ ———————— $\dfrac{18}{54}$ ———————— $\dfrac{36}{45}$ ————————

$\dfrac{27}{72}$ ———————— $\dfrac{9}{81}$ ———————— $\dfrac{108}{180}$ ————————

h) gekürzt durch 11:

$\dfrac{11}{22}$ ———————— $\dfrac{33}{110}$ ———————— $\dfrac{44}{77}$ ————————

$\dfrac{55}{99}$ ———————— $\dfrac{88}{121}$ ———————— $\dfrac{66}{143}$ ————————

i) gekürzt durch 12:

$\dfrac{12}{48}$ ———————— $\dfrac{24}{60}$ ———————— $\dfrac{36}{72}$ ————————

$\dfrac{60}{84}$ ———————— $\dfrac{72}{108}$ ———————— $\dfrac{96}{144}$ ————————

2. Kürze die folgenden Brüche auf den vorgegebenen Nenner. Schreibe wie im Beispiel.

Beispiel: Kürze $\dfrac{12}{18}$ auf den Nenner 3: $\dfrac{12:6}{18:6} = \dfrac{2}{3}$

a) Kürze auf den Nenner 3:

$\dfrac{10}{15}$ ———————— $\dfrac{7}{21}$ ———————— $\dfrac{48}{72}$ ————————

b) Kürze auf den Nenner 4:

$\dfrac{24}{32}$ ———————— $\dfrac{12}{48}$ ———————— $\dfrac{14}{28}$ ————————

$\dfrac{27}{12}$ ———————— $\dfrac{104}{32}$ ———————— $\dfrac{20}{16}$ ————————

c) Kürze auf den Nenner 5:

$\dfrac{18}{30}$ ———————— $\dfrac{12}{60}$ ———————— $\dfrac{14}{10}$ ————————

$\dfrac{16}{40}$ ———————— $\dfrac{54}{45}$ ———————— $\dfrac{63}{35}$ ————————

d) Kürze auf den Nenner 6:

$$\frac{10}{30} \rule{3cm}{0.4pt} \qquad \frac{35}{42} \rule{3cm}{0.4pt} \qquad \frac{63}{54} \rule{3cm}{0.4pt}$$

$$\frac{24}{72} \rule{3cm}{0.4pt} \qquad \frac{16}{24} \rule{3cm}{0.4pt} \qquad \frac{39}{18} \rule{3cm}{0.4pt}$$

e) Kürze auf den Nenner 7:

$$\frac{3}{21} \rule{3cm}{0.4pt} \qquad \frac{20}{35} \rule{3cm}{0.4pt} \qquad \frac{8}{28} \rule{3cm}{0.4pt}$$

$$\frac{45}{63} \rule{3cm}{0.4pt} \qquad \frac{24}{56} \rule{3cm}{0.4pt} \qquad \frac{60}{70} \rule{3cm}{0.4pt}$$

f) Kürze auf den Nenner 8:

$$\frac{9}{72} \rule{3cm}{0.4pt} \qquad \frac{40}{80} \rule{3cm}{0.4pt} \qquad \frac{21}{56} \rule{3cm}{0.4pt}$$

$$\frac{60}{96} \rule{3cm}{0.4pt} \qquad \frac{21}{24} \rule{3cm}{0.4pt} \qquad \frac{99}{72} \rule{3cm}{0.4pt}$$

g) Kürze auf den Nenner 10:

$$\frac{24}{60} \rule{3cm}{0.4pt} \qquad \frac{96}{120} \rule{3cm}{0.4pt} \qquad \frac{80}{200} \rule{3cm}{0.4pt}$$

3. Womit wurde gekürzt? Finde die Kürzungszahl und schreibe wie im Beispiel.

Beispiel: $\frac{12}{16} : \underline{\ 4\ } = \frac{3}{4}$

a) $\frac{48}{56} : \rule{1.5cm}{0.4pt} = \frac{24}{28}$ $\qquad$ $\frac{36}{45} : \rule{1.5cm}{0.4pt} = \frac{4}{5}$ $\qquad$ $\frac{12}{15} : \rule{1.5cm}{0.4pt} = \frac{4}{5}$ $\qquad$ $\frac{18}{27} : \rule{1.5cm}{0.4pt} = \frac{6}{9}$

b) $\frac{9}{18} : \rule{1.5cm}{0.4pt} = \frac{1}{2}$ $\qquad$ $\frac{14}{63} : \rule{1.5cm}{0.4pt} = \frac{2}{9}$ $\qquad$ $\frac{16}{74} : \rule{1.5cm}{0.4pt} = \frac{8}{37}$ $\qquad$ $\frac{28}{35} : \rule{1.5cm}{0.4pt} = \frac{4}{5}$

c) $\frac{30}{70} : \rule{1.5cm}{0.4pt} = \frac{3}{7}$ $\qquad$ $\frac{72}{144} : \rule{1.5cm}{0.4pt} = \frac{6}{12}$ $\qquad$ $\frac{50}{225} : \rule{1.5cm}{0.4pt} = \frac{2}{9}$ $\qquad$ $\frac{15}{100} : \rule{1.5cm}{0.4pt} = \frac{3}{20}$

d) $\frac{21}{49} : \rule{1.5cm}{0.4pt} = \frac{3}{7}$ $\qquad$ $\frac{39}{104} : \rule{1.5cm}{0.4pt} = \frac{3}{8}$ $\qquad$ $\frac{66}{121} : \rule{1.5cm}{0.4pt} = \frac{6}{11}$ $\qquad$ $\frac{17}{119} : \rule{1.5cm}{0.4pt} = \frac{1}{17}$

e) $\frac{42}{210} : \rule{1.5cm}{0.4pt} = \frac{2}{10}$ $\qquad$ $\frac{90}{300} : \rule{1.5cm}{0.4pt} = \frac{3}{10}$ $\qquad$ $\frac{70}{105} : \rule{1.5cm}{0.4pt} = \frac{2}{3}$ $\qquad$ $\frac{250}{1250} : \rule{1.5cm}{0.4pt} = \frac{1}{5}$

4. *Kürze soweit wie möglich. Finde möglichst große Kürzungszahlen und schreibe ausführlich wie im Beispiel.*

Beispiel: $\dfrac{64:4}{120:4} = \dfrac{16:2}{30:2} = \dfrac{8}{15}$

a) $\dfrac{45}{60}$ _____

b) $\dfrac{54}{66}$ _____

c) $\dfrac{25}{150}$ _____

d) $\dfrac{39}{65}$ _____

e) $\dfrac{36}{48}$ _____

f) $\dfrac{60}{120}$ _____

g) $\dfrac{36}{84}$ _____

h) $\dfrac{72}{99}$ _____

i) $\dfrac{36}{81}$ _____

j) $\dfrac{42}{70}$ _____

k) $\dfrac{40}{200}$ _____

l) $\dfrac{15}{90}$ _____

m) $\dfrac{144}{180}$ _____

n) $\dfrac{90}{99}$ _____

o) $\dfrac{72}{156}$ _____

p) $\dfrac{68}{164}$ _____

q) $\dfrac{96}{240}$ _____

r) $\dfrac{325}{900}$ _____

5. *Sicherlich hast du gemerkt, dass das Kürzen sehr ausführlich war. Wir zeigen dir deshalb eine Möglichkeit, wie du einfacher kürzen kannst.*

Beispiel: $\frac{36}{42} = \frac{36 \cdot 18 \cdot 6}{42 \cdot 21 \cdot 7} = \frac{6}{7}$ *Streiche durch, was du gekürzt hast.*

Die Zahlen, die du gekürzt hast, streichst du durch und so sprichst du:
      36 gekürzt durch 2 ist 18; 42 gekürzt durch 2 ist 21;
      18 gekürzt durch 3 ist 6; 21 gekürzt durch 3 ist 7;

Kürze die folgenden Brüche wie im Beispiel.

$\frac{3}{9}$ = _____ $\frac{8}{12}$ = _____

$\frac{24}{30}$ = _____ $\frac{12}{28}$ = _____

$\frac{15}{27}$ = _____ $\frac{40}{64}$ = _____

$\frac{36}{48}$ = _____ $\frac{35}{60}$ = _____

$\frac{80}{96}$ = _____ $\frac{55}{66}$ = _____

$\frac{51}{85}$ = _____ $\frac{65}{91}$ = _____

$\frac{49}{91}$ = _____ $\frac{81}{108}$ = _____

$\frac{68}{119}$ = _____ $\frac{91}{117}$ = _____

$\frac{75}{300}$ = _____ $\frac{81}{153}$ = _____

$\frac{74}{111}$ = _____ $\frac{105}{126}$ = _____

$\frac{92}{138}$ = _____ $\frac{162}{243}$ = _____

$\frac{125}{250}$ = _____ $\frac{72}{117}$ = _____

$\frac{500}{875}$ = _____ $\frac{54}{186}$ = _____

$\frac{64}{176}$ = _____ $\frac{189}{540}$ = _____

$\frac{48}{288}$ = _____ $\frac{432}{864}$ = _____

$\frac{275}{1000}$ = _____ $\frac{189}{207}$ = _____

3. Brüche ordnen

1. Ordne die folgenden Brüche der Größe nach. Das geht aber nur, wenn die Brüche den gleichen Nenner besitzen. Du musst sie also vorher gleichnamig machen.
Beginne mit dem kleinsten und schreibe wie im Beispiel.

Beispiel: $\frac{1}{3}$; $\frac{4}{5}$; $\frac{7}{10}$ $\qquad$ $\frac{1 \cdot 10}{3 \cdot 10} = \frac{10}{30}$ $\qquad$ $\frac{4 \cdot 6}{5 \cdot 6} = \frac{24}{30}$ $\qquad$ $\frac{7 \cdot 3}{10 \cdot 3} = \frac{21}{30}$

$\qquad\qquad$ $\frac{1}{3} < \frac{7}{10} < \frac{4}{5}$

a) $\frac{1}{2}$ $\frac{3}{4}$ $\frac{4}{9}$ _____

_____

b) $\frac{3}{8}$ $\frac{1}{4}$ $\frac{3}{10}$ _____

_____

c) $\frac{2}{5}$ $\frac{4}{9}$ $\frac{2}{3}$ _____

_____

d) $\frac{7}{8}$ $\frac{3}{7}$ $\frac{11}{14}$ _____

_____

e) $\frac{2}{11}$ $\frac{1}{2}$ $\frac{5}{6}$ _____

_____

f) $\frac{4}{15}$ $\frac{2}{9}$ $\frac{4}{5}$ _____

_____

g) $\frac{3}{4}$ $\frac{2}{7}$ $\frac{1}{2}$ _____

_____

h) $\frac{5}{8}$ $\frac{5}{6}$ $\frac{7}{10}$ _____

_____

i) $\frac{3}{5}$ $\frac{1}{8}$ $\frac{7}{10}$ _____

_____

2. Finde den Platzhalter. Welchen Wert kann x haben? Schreibe wie im Beispiel.

Beispiel: $\frac{4}{5} > \frac{x}{8}$ Um die Lösungsmöglichkeiten (= Lösungsmenge) für x zu erhalten, musst du zunächst beide Brüche gleichnamig machen.
x kann also nur die Werte 1; 2; 3; 4; 5 oder 6 haben.

Lösungsmöglichkeiten: 1; 2; 3; 4; 5; 6; denn für x = 7
würde sich folgende Lösung ergeben: $\frac{32}{40} < \frac{35}{40}$

a) $\frac{3}{5} < \frac{x}{12}$ _____

Lösungsmöglichkeiten: _____

b) $\frac{4}{7} > \frac{x}{3}$ _____

Lösungsmöglichkeiten: _____

c) $\frac{9}{13} < \frac{x}{4}$ _____

Lösungsmöglichkeiten: _____

d) $\frac{2}{11} > \frac{x}{9}$ _____

Lösungsmöglichkeiten: _____

e) $\frac{7}{10} < \frac{x}{8}$ _____

Lösungsmöglichkeiten: _____

f) $\frac{9}{7} < \frac{x}{30}$ _____

Lösungsmöglichkeiten: _____

g) $\frac{2}{3} < \frac{x}{8}$ _____

Lösungsmöglichkeiten: _____

h) $\frac{12}{25} < \frac{x}{30}$ _____

Lösungsmöglichkeiten: _____

i) $\frac{31}{35} > \frac{x}{5}$ _____

Lösungsmöglichkeiten: _____

4. Brüche verwandeln

Im Mathematikunterricht hast du sicherlich schon von gemischten Zahlen, echten und unechten Brüchen gehört. Diese Begriffe brauchen wir für die folgenden Aufgaben.

Merke:

echte Brüche: der Zähler ist kleiner als der Nenner

Beispiel: $\frac{4}{5}$ $\frac{7}{8}$ $\frac{11}{19}$

unechte Brüche: der Zähler ist größer als der Nenner

Beispiel: $\frac{24}{10}$ $\frac{31}{15}$ $\frac{46}{20}$

gemischte Zahlen: das sind Ganze und Brüche

Beispiel: $4\frac{1}{2}$ $6\frac{3}{4}$ $15\frac{9}{13}$

1. Wandle ganze Zahlen in Brüche um. Finde mindestens drei Darstellungsmöglichkeiten. Schreibe wie im Beispiel.

Beispiel: $4 = \frac{4}{1}$ oder $\frac{8}{2}$ oder $\frac{12}{3}$ oder $\frac{16}{4}$ oder ...

5   =   _____

7   =   _____

8   =   _____

10   =   _____

12   =   _____

16   =   _____

20   =   _____

35   =   _____

42   =   _____

93   =   _____

105   =   _____

2051   =   _____

2. Wandle unechte Brüche in Ganze um. Schreibe wie im Beispiel.

Beispiel: $\frac{24}{12} = 2$

$\frac{15}{5}$ _____ $\frac{18}{3}$ _____ $\frac{21}{7}$ _____ $\frac{28}{4}$ _____ $\frac{35}{7}$ _____

$\frac{40}{8}$ _____ $\frac{50}{10}$ _____ $\frac{60}{5}$ _____ $\frac{75}{15}$ _____ $\frac{90}{30}$ _____

$\frac{24}{8}$ _____ $\frac{99}{9}$ _____ $\frac{14}{7}$ _____ $\frac{54}{6}$ _____ $\frac{108}{12}$ _____

$\frac{65}{13}$ _____ $\frac{60}{12}$ _____ $\frac{72}{24}$ _____ $\frac{112}{28}$ _____ $\frac{100}{25}$ _____

3. Verwandle unechte Brüche in gemischte Zahlen. Kürze so weit wie möglich. Schreibe wie im Beispiel.

Beispiel: $\frac{26}{4} = 6\frac{2}{4} = 6\frac{1}{2}$

$\frac{27}{5}$ _____ $\frac{38}{6}$ _____

$\frac{19}{8}$ _____ $\frac{53}{6}$ _____

$\frac{47}{21}$ _____ $\frac{93}{12}$ _____

$\frac{86}{4}$ _____ $\frac{74}{3}$ _____

$\frac{61}{7}$ _____ $\frac{105}{14}$ _____

$\frac{31}{26}$ _____ $\frac{219}{35}$ _____

4. Verwandle gemischte Zahlen in Brüche. Schreibe wie im Beispiel.

Beispiel: $6\frac{1}{3} = \frac{27}{4}$

$3\frac{2}{7}$ _____ $7\frac{4}{5}$ _____ $8\frac{1}{7}$ _____ $9\frac{5}{8}$ _____

$7\frac{4}{9}$ _____ $12\frac{9}{13}$ _____ $7\frac{2}{14}$ _____ $16\frac{7}{10}$ _____

$9\frac{4}{7}$ _____ $8\frac{9}{11}$ _____ $4\frac{3}{10}$ _____ $16\frac{2}{7}$ _____

$6\frac{1}{3}$ _____ $25\frac{15}{17}$ _____ $8\frac{17}{18}$ _____ $21\frac{3}{7}$ _____

$19\frac{14}{25}$ _____ $20\frac{21}{26}$ _____ $17\frac{16}{31}$ _____ $2\frac{13}{24}$ _____

$\cdot\ 40\frac{4}{7}$ _____ $29\frac{10}{19}$ _____ $9\frac{45}{46}$ _____ $11\frac{12}{17}$ _____

$6\frac{19}{25}$ _____ $31\frac{9}{19}$ _____ $14\frac{10}{11}$ _____ $13\frac{4}{31}$ _____

$9\frac{12}{17}$ _____ $54\frac{1}{11}$ _____ $2\frac{14}{41}$ _____ $18\frac{23}{35}$ _____

5. Wandle die gemischten Zahlen in die angegebenen Brüche um. Schreibe wie im Beispiel.

Beispiel: Verwandle in Halbe: $3\frac{2}{4} = \frac{14:2}{4:2} = \frac{7}{2}$

Drittel: $2\frac{4}{6}$ _____ $5\frac{6}{9}$ _____ $7\frac{8}{12}$ _____

Viertel: $6\frac{6}{8}$ _____ $9\frac{9}{12}$ _____ $1\frac{12}{48}$ _____

Fünftel: $4\frac{4}{10}$ _____ $3\frac{8}{20}$ _____ $8\frac{12}{30}$ _____

Sechstel: $7\frac{10}{12}$ _____ $2\frac{4}{24}$ _____ $9\frac{16}{48}$ _____

Siebtel: $1\frac{2}{14}$ _____ $5\frac{10}{35}$ _____ $3\frac{30}{70}$ _____

Achtel: $6\frac{8}{16}$ _____ $1\frac{16}{32}$ _____ $7\frac{12}{24}$ _____

Neuntel: $2\frac{4}{18}$ _____ $5\frac{70}{90}$ _____ $1\frac{4}{36}$ _____

Zehntel: $2\frac{10}{20}$ _____ $6\frac{60}{40}$ _____ $7\frac{5}{50}$ _____

Elftel: $7\frac{27}{33}$ _____ $8\frac{25}{55}$ _____ $1\frac{81}{99}$ _____

Zwölftel: $4\frac{10}{24}$ _____ $3\frac{16}{48}$ _____ $6\frac{18}{72}$ _____

Fünfzehntel: $1\frac{6}{30}$ _____ $4\frac{12}{45}$ _____ $2\frac{24}{90}$ _____

Zwanzigstel: $6\frac{9}{60}$ _____ $1\frac{30}{120}$ _____ $4\frac{5}{100}$ _____

Dreißigstel: $9\frac{4}{60}$ _____ $2\frac{60}{90}$ _____ $1\frac{25}{150}$ _____

Hundertstel: $9\frac{10}{200}$ _____ $12\frac{16}{400}$ _____ $1\frac{24}{800}$ _____

Brüche addieren und subtrahieren

1. Gleichnamige Brüche addieren und subtrahieren

Im vorherigen Kapitel hast du bereits mit Brüchen gearbeitet und sie auf verschiedene Art und Weise umgewandelt. Das sollst du jetzt anwenden.

1. *Addiere und subtrahiere die folgenden Brüche. Wandle das Ergebnis in Ganze um und kürze wenn möglich. Schreibe wie im Beispiel.*

Beispiel: $\frac{1}{4} + \frac{2}{4} + \frac{3}{4} = \frac{6}{4} = 1\frac{2}{4} = 1\frac{1}{2}$ $\frac{12}{17} - \frac{3}{17} - \frac{5}{17} = \frac{4}{17}$

a) $\frac{3}{8} + \frac{4}{8} + \frac{7}{8} =$ _____

b) $\frac{9}{11} - \frac{3}{11} - \frac{5}{11} =$ _____

c) $\frac{1}{5} + \frac{3}{5} + \frac{4}{5} =$ _____

d) $\frac{16}{27} - \frac{2}{27} - \frac{5}{27} =$ _____

e) $\frac{3}{7} + \frac{2}{7} + \frac{6}{7} =$ _____

f) $\frac{17}{21} - \frac{13}{21} - \frac{1}{21} =$ _____

g) $\frac{2}{6} + \frac{1}{6} + \frac{5}{6} =$ _____

h) $\frac{25}{32} - \frac{7}{32} - \frac{11}{32} =$ _____

i) $\frac{1}{4} + \frac{3}{4} + \frac{5}{4} =$ _____

j) $\frac{19}{2} - \frac{3}{20} - \frac{11}{20} =$ _____

2. *Addiere die folgenden gemischten Zahlen. Wandle das Ergebnis in Ganze um und kürze soweit wie möglich. Schreibe wie im Beispiel.*

Beispiel: Addiere zuerst die Ganzen, dann die Brüche.

$$6\frac{2}{5} + 3\frac{4}{5} + 2\frac{1}{5} = 11\frac{7}{5} = 12\frac{2}{5}$$

a) $7\frac{3}{8} + 4\frac{5}{8} + 6\frac{7}{8} =$ _____

b) $9\frac{2}{5} + 5\frac{4}{5} + 7\frac{3}{5} =$ _____

c) $12\frac{5}{11} + 2\frac{7}{11} + 3\frac{1}{11} =$ _____

d) $24\frac{9}{13} + 13\frac{2}{13} + 4\frac{7}{13} =$ _____

e) $4\frac{7}{15} + 2\frac{13}{15} + 6\frac{11}{15} =$ _____

f) $9\frac{3}{14} + 7\frac{9}{14} + 1\frac{6}{14} =$ _____

g) $6\frac{13}{30} + 5\frac{7}{30} + 26\frac{10}{30} =$ _____

h) $3\frac{2}{21} + 3\frac{17}{21} + 12\frac{11}{21} =$ _____

3. *Subtrahiere die folgenden gemischten Zahlen. Kürze das Ergebnis soweit wie möglich.*
   Schreibe wie im Beispiel.

Beispiel: Subtrahiere zuerst die Ganzen, dann die Brüche.

$$4\frac{2}{3} - 2\frac{1}{3} = 2\frac{1}{3}$$

Tipp: Wenn du nicht subtrahieren kannst, dann musst du ein Ganzes oder mehrere Ganze in einen Bruch umwandeln. Wie das geht, zeigt dir das folgende Beispiel.

Beispiel: $3\frac{4}{5} - 2\frac{2}{5} - \frac{3}{5} = 1\frac{4}{5} - \frac{2}{5} - \frac{3}{5} = \frac{9}{5} - \frac{2}{5} - \frac{3}{5} = \frac{4}{5}$

a) $7\frac{3}{8} - 2\frac{5}{8} - 1\frac{7}{8} = $ _____

b) $13\frac{1}{4} - 8\frac{3}{4} - \frac{7}{4} = $ _____

c) $9\frac{4}{7} - 2\frac{1}{7} - 3\frac{5}{7} = $ _____

d) $18\frac{9}{10} - 9\frac{3}{10} - 2\frac{7}{10} = $ _____

e) $6\frac{17}{21} - 2\frac{9}{21} - 1\frac{2}{21} = $ _____

f) $65\frac{31}{49} - 32\frac{13}{49} - 9\frac{11}{49} = $ _____

g) $4\frac{5}{31} - 2\frac{7}{31} - 1\frac{19}{31} = $ _____

h) $5\frac{19}{27} - 3\frac{5}{27} - 2\frac{14}{27} = $ _____

i) $23\frac{11}{16} - 4\frac{9}{16} - 5\frac{13}{16} = $ _____

j) $19\frac{24}{25} - 7\frac{12}{25} - 1\frac{4}{25} = $ _____

4. *Löse die folgenden Aufgaben. Schreibe wie im Beispiel.*

Beispiel: $9\frac{3}{7} + 5\frac{2}{7} - 3\frac{6}{7} = 11\frac{5}{7} - \frac{6}{7} = 10\frac{12}{7} - \frac{6}{7} = 10\frac{6}{7}$

a) $9\frac{4}{11} + 3\frac{5}{11} - 2\frac{6}{11} = $ _____

b) $2\frac{13}{29} + 11\frac{14}{29} - 12\frac{7}{29} = $ _____

c) $4\frac{17}{47} - 3\frac{9}{47} + 12\frac{27}{47} = $ _____

2. Ungleichnamige Brüche addieren und subtrahieren

Einige Tipps gleich zu Beginn:

Wenn du ungleichnamige Brüche addieren und subtrahieren willst, musst du sie erst gleichnamig machen, das heißt, du brauchst einen gemeinsamen Nenner (= Hauptnenner).

Oft ist es gar nicht so leicht, diesen Hauptnenner zu finden. Deshalb zeigen wir dir hier eine Möglichkeit, wie du das einfach rechnen kannst.

Der Hauptnenner ist das „kleinste, gemeinsame Vielfache" (kgV) der einzelnen Nenner und wird so gefunden:

Du schreibst die einzelnen Nenner untereinander und zerlegst sie in kleinstmögliche Zahlen (= Primzahlen). Dabei werden gleiche Zahlen untereinander geschrieben. Aus jeder Spalte wird jede Zahl einmal genommen und multipliziert.

$$4 = 2 \cdot 2$$
$$6 = 2 \qquad \cdot 3$$
$$\underline{9 = \qquad\qquad 3 \cdot 3}$$
$$\textbf{kgV:} \quad \textbf{2} \cdot \textbf{2} \cdot \textbf{3} \cdot \textbf{3} \quad = \textbf{36} \text{ (Hauptnenner)}$$

$$5 = 5$$
$$12 = \qquad 2 \cdot 2 \cdot 3$$
$$\underline{21 = \qquad\qquad\qquad 3 \cdot 7}$$
$$\textbf{kgV:} \quad \textbf{5} \cdot \textbf{2} \cdot \textbf{2} \cdot \textbf{3} \cdot \textbf{7} \quad = \textbf{420} \text{ (Hauptnenner)}$$

1. Suche selbst den Hauptnenner.

a) 2 = _____

   6 = _____

  15 = _____

  kgV: _____ = _____

b) 5 = _____

  14 = _____

  21 = _____

  kgV: _____ = _____

c) 8 = _____

  12 = _____

  18 = _____

  kgV: _____ = _____

d) 4 = _____

12 = _____

14 = _____

24 = _____

kgV: _____ = _____

e) 6 = _____

25 = _____

35 = _____

40 = _____

kgV: _____ = _____

2. *Löse die folgenden Aufgaben. Schreibe wie im Beispiel.*

Beispiel: $4\frac{3}{4} + 2\frac{4}{5} = 4\frac{15}{20} + 2\frac{16}{20} = 6\frac{31}{20} = 7\frac{11}{20}$

Du kannst aber auch schneller rechnen. $4\frac{3}{4} + 2\frac{4}{5} = 6\frac{15+16}{20} = 6\frac{31}{20} = 7\frac{11}{20}$

Tipp:	1. Addiere, bzw. subtrahiere die Ganzen.
	2. Suche den Hauptnenner.
	3. Mache die Brüche gleichnamig.
	4. Addiere bzw. subtrahiere die Brüche.
	5. Wandle in Ganze um.
	6. Kürze.

a) $3\frac{9}{10} + 5\frac{2}{5} + 6\frac{7}{15}$ = _____

b) $\frac{1}{2} + 3\frac{3}{4} + 2\frac{3}{5}$ = _____

c) $7\frac{3}{8} + 5\frac{5}{6} - 3\frac{1}{4}$ = _____

d) $2\frac{2}{3} + 4\frac{1}{5} + 2\frac{1}{3} + 7\frac{4}{5}$ = _____

e) $3\frac{7}{8} - 1\frac{3}{4} - \frac{5}{6}$ = _____

f) $4\frac{1}{2} - 2\frac{2}{3} + 2\frac{5}{6} + 1\frac{1}{2}$ = _____

g) $10\frac{1}{6} - 2\frac{1}{5} - 2\frac{1}{2} + 4\frac{7}{10}$ = _____

h) $4\frac{1}{2} - 1\frac{1}{4} - 1\frac{1}{8}$ = _____

i) $6\frac{11}{12} - 3\frac{1}{2} - 1\frac{5}{6}$ = _____

j) $5\frac{3}{4} - 1\frac{7}{8} - 2\frac{1}{2}$ = _____

k) $4\frac{1}{5} - 1\frac{3}{10} - 1\frac{1}{20}$ = _____

l) $2\frac{1}{4} + 5\frac{5}{6} + 3\frac{1}{3}$ = _____

m) $12\frac{1}{3} - 6\frac{3}{4} - 4\frac{1}{6} + 2\frac{1}{4}$ = _____

n) $7\frac{3}{4} - 2\frac{7}{8} - 1\frac{5}{6}$ = _____

o) $4\frac{1}{20} - 2\frac{3}{4} + 3\frac{1}{6}$ = _____

p) $2\frac{3}{8} - 1\frac{1}{6} + 5\frac{3}{4}$ = _____

q) $5\frac{1}{2} - 1\frac{7}{8} + 2\frac{3}{4}$ = _____

r) $6\frac{8}{9} + 2\frac{2}{3} + 1\frac{2}{27}$ = _____

s) $6\frac{11}{12} - 3\frac{1}{2} - 1\frac{5}{6}$ = _____

t) $7\frac{3}{8} + 4\frac{5}{6} + 12\frac{3}{4}$ = _____

u) $3\frac{4}{5} - \frac{1}{2} - 2\frac{3}{4}$ = _____

v) $1\frac{3}{4} + 12\frac{1}{2} - 1\frac{7}{8}$ = _____

w) $3\frac{5}{7} - \frac{6}{21} + 5\frac{3}{14} - 2\frac{2}{3}$ = _____

x) $65\frac{3}{4} + 104\frac{2}{3} + 19\frac{1}{2}$ = _____

y) $99\frac{5}{6} - 33\frac{2}{3} - 16\frac{5}{8}$ = _____

z) $45\frac{11}{15} + 69\frac{7}{8} - 65\frac{5}{6}$ = _____

3. Sachaufgaben zur Addition und Subtraktion von Brüchen

1. Klaus fährt mit dem Fahrrad von Roth nach Aurau ($5\frac{1}{2}$ km),
   von Aurau nach Abenberg ($4\frac{1}{2}$ km) und von dort nach Windsbach ($11\frac{2}{3}$ km).
   Welche Strecke hat er insgesamt zurückgelegt?

Wir wissen: _____

_____

Wir fragen: _____

Wir rechnen:

Wir antworten: _____

2. Beim Metzger wurde vor Ostern Bratenfleisch bestellt: $2\frac{1}{4}$ kg; $3\frac{1}{2}$ kg und $4\frac{3}{4}$ kg.
   Der Metzger hat $12\frac{1}{2}$ kg vorrätig. Bleibt noch etwas übrig?

Wir wissen: _____

_____

Wir fragen: _____

Wir rechnen:

Wir antworten: _____

3. Von einem 80 m langen Stoffballen werden folgende Längen abgeschnitten:
   $10\frac{2}{3}$ m; $15\frac{3}{4}$ m; $24\frac{5}{8}$ m; $17\frac{4}{5}$ m und $9\frac{1}{2}$ m. Reicht der Stoff?

Wir wissen: _____

_____

Wir fragen: _____

Wir rechnen:

Wir antworten: _____

4. Subtrahiere die Differenz aus $\frac{1}{2}$ und $\frac{2}{5}$ von der Summe aus $\frac{1}{4}$ und $\frac{2}{3}$.

_____

_____

5. Die Summe von drei Brüchen ist $5\frac{4}{7}$. Der erste Summand heißt $2\frac{5}{14}$, der zweite $\frac{13}{35}$. Wie heißt der dritte Bruch?

_____

_____

6. Addiere die Differenz aus $\frac{1}{2}$ und $\frac{2}{5}$ zur Summe aus $\frac{1}{4}$ und $\frac{2}{3}$.

_____

_____

7. Addiere zur Differenz der Zahlen $7\frac{9}{10}$ und $3\frac{2}{5}$ die Differenz von $34\frac{7}{12}$ und $18\frac{3}{4}$.

_____

_____

8. Subtrahiere von der Summe der Zahlen $42\frac{7}{15}$, $9\frac{5}{6}$ und $23\frac{3}{4}$ die Differenz der Zahlen $51\frac{7}{20}$ und $28\frac{5}{8}$.

_____

_____

9. Vermindere $36\frac{5}{8}$ um die Summe der Zahlen $13\frac{1}{4}$, $9\frac{1}{12}$ und $4\frac{5}{12}$.

_____

_____

10. Addiere $9\frac{3}{4}$, $54\frac{1}{2}$, $15\frac{1}{6}$ und $9\frac{19}{20}$ und subtrahiere die Summe von 100.

_____

_____

Brüche multiplizieren und dividieren

1. Brüche multiplizieren

1. Rechne die folgenden Aufgaben. Schreibe wie in den Beispielen.

Beispiel: $3 \cdot \frac{4}{5} = \frac{3 \cdot 4}{5} = \frac{12}{5} = 2\frac{7}{5}$

$4 \cdot \frac{3}{8} \quad \frac{4 \cdot 3}{8} = \frac{1 \cdot 3}{2} = \frac{3}{2} = 1\frac{1}{2}$

$5 \cdot 2\frac{7}{10} = \frac{5 \cdot 27}{10} = \frac{1 \cdot 27}{2} = \frac{27}{2} = 13\frac{1}{2}$

> **Regel:** Brüche werden mit einer ganzen Zahl multipliziert, indem der Zähler mit der ganzen Zahl multipliziert wird.
> Ganze werden vorher umgerechnet. Kürze vor dem Ausrechnen.

a) $3 \cdot \frac{7}{9}$ = _____

b) $2 \cdot \frac{4}{11}$ = _____

c) $5 \cdot \frac{11}{15}$ = _____

d) $9 \cdot \frac{2}{27}$ = _____

e) $6 \cdot \frac{5}{12}$ = _____

f) $10 \cdot \frac{2}{7}$ = _____

g) $2 \cdot 3\frac{1}{2}$ = _____

h) $5 \cdot 1\frac{3}{4}$ = _____

i) $7 \cdot 1\frac{5}{8}$ = _____

j) $4 \cdot 2\frac{5}{6}$ = _____

k) $5 \cdot 3\frac{1}{3}$ = _____

l) $2 \cdot 1\frac{7}{8}$ = _____

2. Multipliziere in den folgenden Aufgaben die gemischten Zahlen miteinander. Schreibe wie in den Beispielen.

Beispiele: $\frac{4}{5} \cdot \frac{3}{8} = \frac{4 \cdot 3}{5 \cdot 8} = \frac{3}{5 \cdot 2} = \frac{3}{10}$

$4\frac{3}{4} \cdot 7\frac{3}{7} = \frac{19 \cdot 52}{4 \cdot 7} = \frac{19 \cdot 13}{7} = \frac{247}{7} = 35\frac{2}{7}$

> **Regel:** Brüche werden mit Brüchen multipliziert, indem Zähler mit Zähler und Nenner mit Nenner multipliziert wird.
> Ganze Zahlen werden vorher in Brüche umgewandelt.
> Kürze vor dem Ausrechnen und wandle wenn möglich wieder in Ganze oder gemischte Zahlen um.

a) $\frac{4}{5} \cdot \frac{1}{2}$ = _____

b) $\frac{9}{10} \cdot \frac{2}{3}$ = _____

c) $\frac{14}{15} \cdot \frac{3}{8}$ = _____

d) $\frac{3}{7} \cdot \frac{1}{3}$ = _____

e) $\frac{4}{8} \cdot \frac{2}{5}$ = _____

f) $\frac{9}{12} \cdot \frac{6}{10}$ = _____

g) $\frac{8}{15} \cdot \frac{1}{12}$ = _____

h) $\frac{20}{21} \cdot \frac{7}{10}$ = _____

i) $\frac{5}{8} \cdot \frac{8}{15} \cdot \frac{1}{2}$ = _____

j) $\frac{3}{4} \cdot \frac{4}{9} \cdot \frac{3}{5}$ = _____

k) $4\frac{3}{4} \cdot 7\frac{3}{7}$ = _____

l) $8\frac{2}{5} \cdot 2\frac{3}{8}$ = _____

m) $3\frac{7}{12} \cdot 4\frac{3}{6}$ = _____

n) $5\frac{2}{3} \cdot 4\frac{1}{8}$ = _____

o) $1\frac{2}{7} \cdot 5\frac{4}{9}$ = _____

p) $3\frac{5}{12} \cdot 4\frac{4}{15}$ = _____

q) $2\frac{2}{7} \cdot 3\frac{5}{8}$ = _____

r) $21\frac{1}{2} \cdot 6\frac{4}{7}$ = _____

s) $26\frac{3}{4} \cdot 5\frac{7}{8}$ = _____

t) $24\frac{5}{9} \cdot 7\frac{1}{5}$ = _____

u) $18\frac{3}{4} \cdot 12\frac{7}{10}$ = _____

v) $3\frac{1}{11} \cdot 16\frac{1}{2}$ = _____

w) $9\frac{2}{7} \cdot 4\frac{1}{5}$ = _____

x) $9\frac{1}{2} \cdot 1\frac{1}{19}$ = _____

y) $2\frac{1}{12} \cdot 4\frac{4}{5}$ = _____

z) $9\frac{3}{13} \cdot 9\frac{3}{4}$ = _____

2. Brüche dividieren

1. Dividiere die folgenden Brüche durch ganze Zahlen. Schreibe wie in den Beispielen.

Beispiele: $\frac{3}{4} : 6 = \frac{3}{4\cdot6} = \frac{1}{4\cdot2} = \frac{1}{8}$

$2\frac{1}{2} : 10 = \frac{5}{2\cdot10} = \frac{1}{2\cdot2} = \frac{1}{4}$

Regel: Brüche werden durch ganze Zahlen dividiert, indem der Nenner mit der Zahl malgenommen wird.
Ganze Zahlen werden vorher in Brüche umgewandelt.
Kürze vor dem Ausrechnen.

a) $\frac{1}{2} : 2 = $ _____

b) $\frac{4}{5} : 8 = $ _____

c) $\frac{6}{5} : 12 = $ _____

d) $\frac{2}{3} : 4 = $ _____

e) $1\frac{1}{4} : 2 = $ _____

f) $1\frac{2}{5} : 14 = $ _____

g) $1\frac{1}{3} : 8 = $ _____

h) $1\frac{1}{4} : 10 = $ _____

2. Dividiere in den folgenden Aufgaben durch Brüche. Schreibe wie in den Beispielen.

Beispiele: $\frac{7}{10} : \frac{1}{5} = \frac{7\cdot5}{10\cdot1} = \frac{7}{2} = 3\frac{1}{2}$

$3\frac{3}{5} : 1\frac{1}{15} = \frac{18\cdot15}{5\cdot16} = \frac{9\cdot3}{1\cdot8} = \frac{27}{8} = 3\frac{3}{8}$

Regel: Durch einen Bruch wird dividiert, indem mit dem Umkehrbruch multipliziert wird.
Ganze Zahlen werden vorher in Brüche umgewandelt.
Kürze vor dem Ausrechnen. Wandle, wenn möglich, wieder in Ganze um.

a) $\frac{5}{6} : 3\frac{3}{4}$ = _____

b) $1\frac{2}{5} : \frac{3}{4}$ = _____

c) $2\frac{5}{6} : 1\frac{1}{5}$ = _____

d) $\cdot 3\frac{1}{8} : \frac{5}{7}$ = _____

e) $4\frac{2}{5} : \frac{6}{25}$ = _____

f) $2\frac{3}{4} : 1\frac{13}{20}$ = _____

g) $4\frac{2}{3} : 5\frac{5}{6} =$ _____

h) $5\frac{1}{7} : 2\frac{2}{5} =$ _____

i) $4\frac{2}{3} : 1\frac{3}{7} =$ _____

j) $\frac{5}{7} : \frac{15}{28} =$ _____

k) $12\frac{1}{3} : 3\frac{7}{10} =$ _____

l) $14\frac{3}{4} : 2\frac{3}{8} =$ _____

m) $9\frac{1}{6} : 4\frac{5}{7} =$ _____

n) $19\frac{1}{2} : 28\frac{3}{5} =$ _____

o) $3\frac{3}{14} : 1\frac{19}{77} =$ _____

p) $9\frac{1}{3} : 12\frac{3}{5} =$ _____

q) $18\frac{4}{5} : 4\frac{7}{10} =$ _____

r) $7\frac{3}{8} : 39\frac{1}{3} =$ _____

s) $11\frac{2}{11} : 2\frac{16}{33} =$ _____

t) $1\frac{5}{27} : 5\frac{1}{3} =$ _____

u) $118\frac{2}{7} : 18\frac{2}{5} =$ _____

v) $38\frac{2}{3} : \frac{29}{33} =$ _____

w) $\frac{6}{7} : \frac{3}{5} =$ _____

x) $2\frac{1}{12} : \frac{5}{24} =$ _____

y) $2\frac{8}{9} : \frac{13}{18} =$ _____

z) $\frac{9}{17} : \frac{27}{34} =$ _____

3. Sachaufgaben zur Multiplikation und Division von Brüchen

1. Peter lernt jeden Tag mit Ausnahme von Samstag und Sonntag eine Dreiviertelstunde für die Schule. Wie viel Zeit ist das in einer Woche, in einem Monat?

Wir wissen: _____

_____

Wir fragen: _____

Wir rechnen:

Wir antworten: _____

2. $245\frac{1}{2}$ kg Pralinen werden in Tüten zu je $\frac{1}{8}$ kg verpackt. Wie viele Tüten braucht man?

Wir wissen: _____

_____

Wir fragen: _____

Wir rechnen:

Wir antworten: _____

3. In einer Nudelfabrik werden 3 560 kg Spaghetti in $\frac{1}{2}$ - kg-Schachteln verpackt und 2 380 kg Suppennudeln in Schachteln zu $\frac{1}{4}$ kg. Wie viele Schachteln braucht man insgesamt?

Wir wissen: _____

_____

Wir fragen: _____

Wir rechnen:

Wir antworten: _____

4. Ein Gärtner entnimmt einer Wassertonne 14 Gießkannen (jede fasst $10\frac{1}{2}$ l) Wasser. Die Tonne ist danach noch zu $\frac{5}{12}$ gefüllt. Wie viel Wasser fasst sie?

Wir wissen: _____

Wir fragen: _____

Wir rechnen:

Wir antworten: _____

5. Das Vierfache eines Bruches beträgt $3\frac{1}{5}$. Wie heißt der Bruch?

_____

_____

6. Durch welche Zahl muss man $\frac{1}{4}$ dividieren, um $\frac{3}{8}$ zu erhalten.

_____

_____

7. Mit welcher Zahl muss man $3\frac{2}{5}$ multiplizieren, um $\frac{3}{4}$ zu erhalten?

_____

_____

8. Welche Zahl muss man durch $1\frac{1}{3}$ dividieren, um $1\frac{1}{2}$ zu erhalten?

_____

_____

9. Der Divisor heißt $12\frac{3}{8}$, der Dividend $3\frac{3}{10}$. Welchen Wert hat der Quotient?

_____

_____

Die Grundrechnungsarten mit Brüchen

1. Übungen zum Bruchrechnen mit den vier Grundrechenarten

Auf der folgenden Seite übst du die vier Grundrechenarten mit Brüchen.
Denke dabei an die Rechenregeln: Punkt vor Strich und Klammer geht vor.

1. $\left(\frac{1}{2} + \frac{1}{3} - \frac{1}{6}\right) \cdot 4\frac{1}{2}$ = _____

_____

2. $4\frac{8}{13} \cdot \left(1\frac{4}{5} + 5\frac{2}{3} - 1\frac{5}{6}\right)$ = _____

_____

3. $\left(4\frac{1}{2} + 2\frac{3}{4}\right) : \left(9 - 1\frac{3}{4}\right)$ = _____

_____

4. $\left(5\frac{1}{4} - 3\right) : \left(\frac{1}{6} + 2\frac{1}{12}\right)$ = _____

_____

5. $\left(\frac{1}{12} - \frac{1}{20}\right) : \frac{1}{5} - \frac{1}{6}$ = _____

_____

6. $16 - 10\frac{4}{5} \cdot \frac{2}{21} + \frac{1}{7}$ = _____

_____

7. $\left(13\frac{6}{7} + 13\frac{2}{3}\right) : \left(13\frac{6}{7} - 13\frac{2}{3}\right) - 44\frac{1}{2}$ = _____

_____

8. $\left(8\frac{1}{4} - 7\frac{3}{5}\right) : \left(4 - 3\frac{1}{2}\right) + 8\frac{1}{10} : \left(2 : 1\frac{1}{4}\right) - 5\frac{29}{80}$ =

_____

_____

9. $\left(6\frac{1}{2} + 3 : \frac{1}{4} + \frac{5}{6} \cdot 2\right) : \left(5\frac{1}{2} \cdot \frac{5}{21} : 2\frac{6}{7}\right)$ =

_____

_____

2. Sachaufgaben zu den vier Grundrechnungsaufgaben

1. Dividiere die Differenz aus $\frac{3}{4}$ und $\frac{1}{6}$ durch $\frac{3}{4}$.

_____

_____

2. Das Produkt aus zwei Faktoren beträgt $1\frac{4}{5}$. Der eine Faktor heißt $\frac{4}{5}$. Wie heißt der andere?

_____

_____

3. Multipliziert man eine Zahl mit $\frac{2}{3}$, so erhält man $\frac{5}{12}$. Wie heißt die Zahl?

_____

_____

4. Multipliziert man die Summe aus $3\frac{1}{6}$ und $2\frac{3}{4}$ mit einer bestimmten Zahl, so erhält man $5\frac{1}{2}$.

_____

_____

5. Wenn ich eine Zahl durch $\frac{2}{5}$ dividiere und $\frac{3}{10}$ addiere, erhalte ich $1\frac{1}{2}$. Wie heißt die Zahl?

_____

_____

6. Verdopple die Summe zweier Zahlen und du erhältst $1\frac{1}{5}$. Die eine der beiden Zahlen ist $\frac{3}{5}$. Wie heißt die andere Zahl?

_____

_____

7. Addiere zum Quotienten aus $\frac{5}{6}$ und $\frac{3}{10}$ das Produkt aus $\frac{6}{5}$ und $\frac{3}{10}$.

_____

_____

8. Subtrahiere vom Quotienten aus $\frac{1}{4}$ und $\frac{2}{3}$ das Produkt aus $\frac{1}{4}$ und $\frac{2}{3}$.

9. Multipliziere $\frac{3}{5}$ mit $\frac{3}{10}$ und dividiere das Ergebnis durch $\frac{3}{4}$.

10. Mit welcher Zahl muss man die Summe aus $\frac{2}{3}$ und $\frac{5}{6}$ multiplizieren, um $4\frac{1}{2}$ zu erhalten?

11. Durch welche Zahl muss man die Summe aus $\frac{2}{3}$ und $\frac{5}{6}$ dividieren, um $\frac{3}{4}$ zu erhalten?

12. Dividiere die Differenz aus $1\frac{7}{8}$ und $\frac{3}{4}$ durch 5.

13. Addiere zur Differenz aus $16\frac{2}{3}$ und $4\frac{1}{2}$ die Summe der Zahlen $\frac{3}{4}$ und $\frac{5}{6}$.

14. Welche Zahl muss man durch die Summe aus $\frac{5}{8}$ und $1\frac{3}{4}$ dividieren, um 2 zu erhalten?

15. Welche Zahl muss man durch die Differenz aus $2\frac{3}{4}$ und $1\frac{1}{6}$ dividieren, um 1 zu erhalten?

_____

_____

16. Welche Zahl muss man zum Quotienten aus $4\frac{13}{16}$ und $2\frac{3}{4}$ addieren, um 2 zu erhalten?

_____

_____

17. Welche Zahl muss man mit der Summe der Zahlen $\frac{1}{6}$ und $2\frac{1}{12}$ multiplizieren, um als Produkt 1 zu erhalten?

_____

_____

18. Von einem $6\frac{3}{4}$ m langen Stoffstück werden $1\frac{1}{2}$ m abgeschnitten. Der Rest wird in 3 gleiche Teile geschnitten. Wie groß ist jedes Teil?

Wir wissen: _____

_____

Wir fragen: _____

Wir rechnen:

Wir antworten: _____

19. In einer Korbflasche sind noch $9\frac{3}{4}$ l Wein. Wie viele Flaschen zu je $\frac{3}{4}$ l können abgefüllt werden? Wie viel Wein bleibt übrig?

Wir wissen: _____

_____

Wir fragen: _____

Wir rechnen:

Wir antworten: _____

20. *Ein Wasserbehälter wird durch zwei Rohre entleert. Durch das erste Rohr fließen in zwei Minuten $\frac{2}{15}$ des Inhalts, durch das zweite Rohr pro Minute $\frac{1}{10}$ des Inhaltes. Wann ist der Behälter geleert, wenn beide Rohre geöffnet sind?*

Wir wissen: _____

_____

Wir fragen: _____

Wir rechnen:

Wir antworten: _____

21. *Ein rechteckiger Spiegel, der $1\frac{3}{5}$ m breit und $\frac{3}{4}$ m lang ist, ist zerbrochen. Der Glaser berechnet 105 € pro Quadratmeter und 56 € für die Arbeitszeit. Wie teuer kommt der neue Spiegel?*

Wir wissen: _____

_____

Wir fragen: _____

Wir rechnen:

Wir antworten: _____

22. *Peter, Klaus und Timo haben eine Tafel Schokolade bekommen. Die Hälfte geben sie ihrer Schwester ab, den Rest teilen sie gleichmäßig. Welchen Teil der Schokolade erhält jeder?*

Wir wissen: _____

_____

Wir fragen: _____

Wir rechnen:

Wir antworten: _____

Grundlegende Übungen zu den Brüchen und Dezimalzahlen

1. Brüche in Dezimalbrüche verwandeln

Der Dezimalbruch ist der zehnte Teil, der hundertste Teil, der tausendste Teil, ... eines Ganzen. Um Brüche in Dezimalbrüche zu verwandeln, muss ihr Nenner deshalb auf 10, 100, 1 000, ... erweitert werden.

1. Wandle die folgenden Brüche in Dezimalbrüche um. Schreibe wie im Beispiel.

Beispiel: $\frac{1\cdot2}{5\cdot2} = \frac{2}{10} = 0,2$ $\qquad$ $\frac{1\cdot25}{4\cdot25} = \frac{25}{100} = 0,25$ $\qquad$ $\frac{1\cdot125}{8\cdot125} = \frac{125}{1000} = 0,125$

a) $\frac{3}{5} =$ _____ $\qquad$ b) $\frac{3}{4} =$ _____

c) $\frac{5}{8} =$ _____ $\qquad$ d) $\frac{7}{20} =$ _____

e) $\frac{3}{25} =$ _____ $\qquad$ f) $\frac{13}{40} =$ _____

g) $\frac{29}{200} =$ _____ $\qquad$ h) $\frac{27}{500} =$ _____

i) $\frac{21}{25} =$ _____ $\qquad$ j) $\frac{13}{125} =$ _____

k) $\frac{19}{200} =$ _____ $\qquad$ l) $\frac{7}{500} =$ _____

m) $\frac{39}{40} =$ _____ $\qquad$ n) $\frac{13}{40} =$ _____

2. Kürze zuerst die folgenden Brüche, dann erweitere sie und wandle sie in Dezimalbrüche um. Schreibe wie im Beispiel.

Beispiel: $\frac{16}{80} = \frac{1\cdot2}{5\cdot2} = \frac{2}{10} = 0,2$

a) $\frac{9}{60} =$ _____ $\qquad$ b) $\frac{45}{75} =$ _____

c) $\frac{30}{375} =$ _____ $\qquad$ d) $\frac{9}{120} =$ _____

e) $\frac{76}{95} =$ _____ $\qquad$ f) $\frac{24}{96} =$ _____

g) $\frac{12}{120} =$ _____ $\qquad$ h) $\frac{12}{150} =$ _____

i) $\frac{14}{80} =$ _____ $\qquad$ j) $\frac{51}{85} =$ _____

k) $\frac{22}{110} =$ _____ $\qquad$ l) $\frac{93}{1500} =$ _____

3. Brüche kann man auch durch Dividieren in Dezimalbrüche verwandeln, denn der Bruchstrich bedeutet dividiert. Rechne drei Stellen nach dem Komma aus und runde.
Schreibe wie im Beispiel.

Beispiel: $\frac{1}{7}$ = 1 : 7 = **0,142 ≈ 0,14**

$$\begin{array}{r} 10 \\ \underline{7} \\ 30 \\ \underline{28} \\ 20 \\ \underline{14} \\ 6 \end{array}$$

a) $\frac{5}{9}$ = _____

b) $\frac{4}{11}$ = _____

c) $\frac{19}{32}$ = _____

d) $\frac{16}{41}$ = _____

e) $\frac{11}{23}$ = _____

f) $\frac{45}{103}$ = _____

g) $\frac{91}{96}$ = _____

h) $\frac{135}{212}$ = _____

i) $\frac{59}{64}$ = _____

j) $\frac{83}{107}$ = _____

k) $\frac{3}{26}$ = _____

l) $\frac{9}{31}$ = _____

m) $\frac{72}{81}$ = _____

n) $\frac{85}{99}$ = _____

o) $\frac{49}{71}$ = _____

p) $\frac{8}{37}$ = _____

q) $\frac{107}{263}$ = _____

r) $\frac{357}{543}$ = _____

s) $\frac{97}{98}$ = _____

t) $\frac{59}{83}$ = _____

u) $\frac{172}{85}$ = _____

v) $\frac{99}{21}$ = _____

w) $\frac{456}{71}$ = _____

x) $\frac{975}{21}$ = _____

2. Dezimalbrüche in Brüche verwandeln

Aus der Stellentafel kennst du auch die Stellen nach dem Komma: es sind Zehntel, Hundertstel, Tausendstel, ... Das brauchst du für die nächste Aufgabe.

1. Rechne die folgenden Dezimalbrüche in Brüche um. Kürze soweit wie möglich.
Schreibe wie im Beispiel.

Beispiel: $0,5 = \frac{5}{10} = \frac{1}{2}$ $0,45 = \frac{45}{100} = \frac{9}{50}$ $0,256 = \frac{256}{1000} = \frac{32}{125}$

a) 0,4 = _____   b) 0,8 = _____

c) 0,12 = _____   d) 0,350 = _____

e) 0,6 = _____   f) 0,55 = _____

g) 0,15 = _____   h) 0,650 = _____

3. Dezimalbrüche runden

Wie ganze Zahlen werden auch Dezimalbrüche gerundet.
Von 0 bis 4 wird abgerundet, von 5 bis 9 aufgerundet.

2. Runde die folgenden Zahlen auf die Zehntelstelle.

Beispiel: $0,24 \approx 0,2$ $0,47 \approx 0,5$

a) 0,41 ≈ _____   b) 0,76 ≈ _____   c) 0,68 ≈ _____

d) 0,13 ≈ _____   e) 0,38 ≈ _____   f) 0,06 ≈ _____

g) 0,55 ≈ _____   h) 0,28 ≈ _____   i) 0,46 ≈ _____

3. Runde die folgenden Zahlen auf die Hundertstelstelle.

Beispiel: $0,541 \approx 0,54$ $0,978 \approx 0,98$

a) 0,356 ≈ _____   b) 0,187 ≈ _____   c) 0,011 ≈ _____

d) 0,678 ≈ _____   e) 0,328 ≈ _____   f) 0,710 ≈ _____

g) 0,564 ≈ _____   h) 0,203 ≈ _____   i) 0,768 ≈ _____

4. Runde die folgenden Zahlen auf die Tausendstelstelle.

Beispiel: $0,7532 \approx 0,753$ $0,0966 \approx 0,097$

a) 0,1243 ≈ _____   b) 0,7689 ≈ _____   c) 0,3098 ≈ _____

d) 0,5032 ≈ _____   e) 0,9879 ≈ _____   f) 0,1943 ≈ _____

g) 2,4543 ≈ _____   h) 3,0764 ≈ _____   i) 7,6458 ≈ _____

Mit Größen rechnen

1. Mit Geld rechnen

In der Grundschule hast du mit Geld gerechnet und dabei schon das Komma verwendet. Das wollen wir nun nochmals üben.

1. Verwandle die folgenden Centbeträge in €, bzw. die Einzelbeträge in Cent, und schreibe als Kommazahl wie im Beispiel. Vergiss die Benennung nicht.

Beispiel: 124 Cent = 1,24 €   114,25 € = 11 425 Cent

a) 327 Cent = _____   b) 438 Cent = _____   c) 648 Cent = _____

d) 945 Cent = _____   e) 564 Cent = _____   f) 876 Cent = _____

g) 547 Cent = _____   h) 890 Cent = _____   i) 348 Cent = _____

j) 876 Cent = _____   k) 5 234 Cent = _____   l) 1 789 Cent = _____

m) 7 634 Cent = _____   n) 7 509 Cent = _____   o) 4 391 Cent = _____

p) 12,65 € = _____   q) 13,87 € = _____   r) 45,81 € = _____

Auch bei den anderen Größen, die du schon kennst, werden die einzelnen Einheiten durch ein Komma abgetrennt. Dabei musst du aber immer daran denken, welche Umrechnungszahl für diese Einheit notwendig ist. Im Anhang findest du die einzelnen Größen und ihre Umrechnungszahlen.

Tipp:	Umrechnungszahl **10** bedeutet: **eine Kommastelle** abstreichen.
	Umrechnungszahl **100** bedeutet: **zwei Kommastellen** abstreichen, ...

Beispiele: 12 mm = 1,2 cm = 0,12 dm = 0,012 m oder
400 g = 0,400 kg   oder   712 l = 7,12 hl

2. Mit Längenmaßen rechnen

2. Verwandle jeweils in die nächstgrößere Längeneinheit. Schreibe wie im Beispiel.

Beispiel: 29 mm = 2,9 cm;   84 cm = 8,4 dm;   93 dm = 9,3 m;   458 m = 0,458 km;

a) 54 mm = _____   b) 92 mm = _____   c) 47 mm = _____

d) 615 mm = _____   e) 186 mm = _____   f) 564 mm = _____

g) 67 cm = _____   h) 34 cm = _____   i) 97 cm = _____

j) 309 cm = _____   k) 145 cm = _____   l) 687 cm = _____

m) 19 dm = _____   n) 76 dm = _____   o) 60 dm = _____

p) 501 dm = _____   q) 709 dm = _____   r) 455 dm = _____

s) 457 m = _____   t) 619 m = _____   u) 528 m = _____

v) 5 225 m = _____   w) 4 578 m = _____   x) 3 009 m = _____

3. Mit Gewichten rechnen

3. Verwandle jeweils in die nächstgrößere Gewichtseinheit. Schreibe wie im Beispiel.

Beispiel: 365 g = 0,365 kg   8543 kg = 8,543 t

a)   654 g = _____
b)   830 g = _____
c)   901 g = _____

d) 8 954 g = _____
e)   8 704 g = _____
f) 3 423 kg = _____

g) 4 332 kg = _____
h) 97 532 kg = _____
i) 8 754 kg = _____

4. Mit Hohlmaßen rechnen

4. Verwandle jeweils in die nächstgrößere Einheit. Schreibe wie im Beispiel.

Beispiel: 365 l = 3,65 hl

a)   957 l = _____
b)   609 l = _____
c)   567 l = _____

d) 5 677 l = _____
e)   6 321 l = _____
f) 20 099 l = _____

g) 43 256 l = _____
h) 890 321 l = _____
i) 87 689 l = _____

5. Mit Flächenmaßen rechnen

5. Verwandle jeweils in die nächstgrößere Flächeneinheit. Schreibe wie im Beispiel.

Beispiel: 4325 cm² = 43,25 dm² 765 432 dm² = 7 654,32 m²

a)   3 212 mm² = _____
b) 5 406 cm² = _____

c) 45 321 dm² = _____
d) 65 504 cm² = _____

e) 90 745 mm² = _____
f) 104 567 dm² = _____

6. Vermischte Aufgaben

6. Verwandle in die angegebene Einheit. Runde wenn nötig.

a)   453 Cent = _____ €
b)   754 m   = _____ km

c) 9 854 mm ≈ _____ m
d)   7 549 l   = _____ hl

e) 5 434 g   = _____ kg
f)   843 754 cm   ≈ _____ km

g) 4 509 Cent = _____ €
h)   576 985 dm   ≈ _____ km

i)   765 432 g ≈ _____ t
j)   867 590 mm   ≈ _____ km

k) 4 325 dm² = _____ m²
l)   856 763 mm²   ≈ _____ dm²

m) 35 432 cm² ≈ _____ m²
n) 198 432 345 mm² ≈ _____ m²

o) 23 543 dm² = _____ m²
p)   3 634 865 cm²   ≈ _____ m²

Addieren und Subtrahieren von Dezimalzahlen

1. Dezimalzahlen addieren und subtrahieren

Beim Addieren und Subtrahieren musst du einiges beachten.

> **Tipp:** Schreibe die Zahlen so untereinander, dass Komma unter Komma steht.
> Achte darauf, dass nach dem Komma gleich viele Stellen sind.
> Ergänze wenn nötig durch Nullen.
> Addiere und subtrahiere Dezimalzahlen wie Zahlen ohne Komma.

Diese Regeln zeigen wir dir nun an zwei Beispielen.

Beispiel: Addiere 0,432; 34,09 und 156,1.

```
   0,432          0,432
  34,09          34,090
+ 156,1        + 156,100
                190,622
```

Beispiel: Subtrahiere 3,865 von 76,42.

```
  76,42          76,420
 - 3,865        - 3,865
                  2,555
```

1. Addiere jeweils die Zahlen, die in einer Reihe stehen. Schreibe sie richtig untereinander, ergänze die Stellen nach dem Komma und rechne aus. Schreibe wie in den oben aufgeführten Beispielen.

a) 34,9 + 86,345 + 9,83 + 0,3452

b) 0,34 + 987,456 + 54,67 + 12,2 + 34,0

c) 96,432 + 86,04 + 0,4 + 9,4304

d) 12,543 + 5,7 + 32,56 + 123,5 + 0,229

e) 234,567 + 0,1 + 34,453 + 3,11

_____

_____

_____

+ _____

_____

f) 3,5 + 0,43 + 14,234 + 97,5 + 34,1239

_____

_____

_____

_____

+ _____

_____

g) 7654,5 + 2,05 + 12,3 + 323,77

_____

_____

_____

+ _____

_____

h) 943,09 + 2,12 + 456,76 + 14,66 + 3,7

_____

_____

_____

_____

+ _____

_____

i) 0,3234 + 34,67 + 23,9 + 23,44

_____

_____

_____

+ _____

_____

j) 341,22 + 9,9 + 643,76 + 156,2 + 9,77

_____

_____

_____

_____

+ _____

_____

k) 764,44 + 3,876 + 96,7 + 2,334

_____

_____

_____

+ _____

_____

l) 773,5 + 109,5 + 453,432 + 0,2 + 1,11

_____

_____

_____

_____

+ _____

_____

2. *Subtrahiere die Zahlen voneinander. Schreibe sie richtig untereinander, ergänze die Stellen nach dem Komma und rechne aus.*

a) 745,29 – 87,982

b) 94,632 – 0,45

c) 8234,56 – 976,8734

d) 32,753 – 0,6532

e) 106,749 – 2,54

f) 643,986 – 234,0987

g) 73,98 – 21,0934

h) 1095,3 – 12,06

i) 234,543 – 10,40223

j) 23,912 – 3,6435

k) 9087,7 – 13,54

l) 9,6532 – 5,095321

m) 7234,7 – 643,99

n) 843,865 – 0,345

o) 107,965 – 85,895

p) 0,943 – 0,00436

q) 888,77 – 6,666

r) 902,75 – 900,6437

s) 0,032 – 0,02323

t) 235,98 – 34,84

u) 87,765 – 86,00353

Kannst du auch noch mehrere Zahlen voneinander subtrahieren? Probiere es.

> **Tipp:** Addiere die Zahlen, die subtrahiert werden und subtrahiere sie von der ersten Zahl.

3. Subtrahiere die folgenden Zahlen voneinander. Schreibe sie richtig untereinander, ergänze die Stellen nach dem Komma und rechne aus. Schreibe wie im Beispiel.

Beispiel: 435,764 – 0,43 – 86,743 – 105,9098

435,7640	und so sprichst du dazu:	8 + 0 + 0	= 8 + **2** = 10	1 gemerkt
– 0,4300		1 + 9 + 3 + 0	= 13 + **1** = 14	1 gemerkt
– 86,7430		1 + 0 + 4 + 3	= 8 + **8** = 16	1 gemerkt
– 105,9098		1 + 9 + 7 + 4	= 21 + **6** = 27	2 gemerkt
242,6812		2 + 5 + 6 + 0	= 13 + **2** = 15	1 gemerkt
		1 + 0 + 8	= 9 + **4** = 13	1 gemerkt
		1 + 1	= 2 + **2** = 4	

a) 345,87 – 6,985 – 109,1 – 83,075

b) 959,9 – 54,876 – 1,55 – 0,6 – 23,22

c) 1234,6 – 176,77 – 0,657 – 777,4

d) 18,989 – 0,3453 – 4,8 – 8,66 – 3,5

e) 98,097 – 18,7 – 69,101

f) 65,754 – 44,32 – 9,5

g) 956,32 – 12,345 – 0,87 – 765,21

        _____

– _____

– _____

– _____

        _____

h) 243,7– 9,75 – 3,743 – 34,212 – 0,2

        _____

– _____

– _____

– _____

– _____

        _____

i) 96,864 – 3,754 – 3,543 – 4,543

        _____

– _____

– _____

– _____

        _____

j) 1054,3 – 134,5 – 45,6 – 0,3 – 34,6

        _____

– _____

– _____

– _____

– _____

        _____

k) 105,4 – 12,534 – 43,45 – 0,8764

        _____

– _____

– _____

– _____

        _____

l) 34,5654 – 0,6 – 0,43 – 12,4 – 18,6

        _____

– _____

– _____

– _____

– _____

        _____

m) 817,4 – 12,34 – 200,45 – 3,6

        _____

– _____

– _____

– _____

        _____

n) 45,654 – 18,435 – 21,0934 – 0,3

        _____

– _____

– _____

– _____

        _____

2. Sachaufgaben

1. Mit einem 100-€-Schein werden folgende Beträge bezahlt: Friseur 38,50 €, Metzger 23,45 €, Tankstelle 21,34 € und Supermarkt 12,38 €. Wie viel Geld bleibt übrig?

Wir wissen: _____

_____

Wir fragen: _____

Wir rechnen:

Wir antworten: _____

2. Ein LKW darf 5,5 t zuladen. Ist er überladen, wenn folgende Container aufgeladen werden: 975 kg, 1 065 kg, 2 450 kg und 895 kg?

Wir wissen: _____

_____

Wir fragen: _____

Wir rechnen:

Wir antworten: _____

3. Ein Sack Kaffee wiegt 240,25 kg. Die Verpackung wiegt 1 855 g. Wie viel Kaffee ist tatsächlich in dem Sack?

Wir wissen: _____

_____

Wir fragen: _____

Wir rechnen:

Wir antworten: _____

4. Vier volle Fässer, in denen sich 9,73 hl, 12,06 hl, 8,64 hl und 10,08 hl befinden, sollen in vier andere Fässer umgefüllt werden, die 7,96 hl, 13,74 hl, 1 258,5 l und 8,25 hl fassen können. Ist das möglich?

Wir wissen: _____

_____

Wir fragen: _____

Wir rechnen:

Wir antworten: _____

5. Die Eisenbahnstrecke München – Hof misst 317,4 km. Die Teilstrecken setzen sich so zusammen: München – Landshut 76,1 km, Landshut – Regensburg 62 km, Regensburg – Weiden 86,6 km. Wie lang ist die Strecke Weiden – Hof?

Wir wissen: _____
_____

Wir fragen: _____

Wir rechnen:

Wir antworten: _____

6. Ein Händler verkauft 50 kg einer Ware zu 225,25 €. Wie groß ist sein Gewinn, wenn er 500 g zu 1,50 € eingekauft hat?

Wir wissen: _____
_____

Wir fragen: _____

Wir rechnen:

Wir antworten: _____

7. Das Eigengewicht eines Güterwagens beträgt 8,610 t. Es werden 13,752 t zugeladen. Wie viel wiegt der beladene Wagen?

Wir wissen: _____
_____

Wir fragen: _____

Wir rechnen:

Wir antworten: _____

8. *Welche Zahl muss man zu 35,7839 addieren, um 48,5 zu erhalten?*

_____

_____

9. *Um welche Zahl muss 64,318 vermindert werden, um 49,26 zu erhalten?*

_____

_____

10. *Um wie viel übertrifft die Summe der Zahlen 0,2666 und 0,9374 die Differenz der Zahlen 0,7196 und 0,1959?*

_____

_____

11. *Addiere zur Differenz der Zahlen 34,321 und 24,6546 die Summe der gleichen Zahlen.*

_____

_____

12. *Subtrahiere von der Summe der Zahlen 45,032 und 906,53 die Differenz der Zahlen 643,04 und 98,02.*

_____

_____

13. *Welche Zahl muss ich zur Summe der Zahlen 436,95 und 0,432 addieren, um die Differenz der Zahlen 1 045,65 und 86,8703 zu erhalten?*

_____

_____

14. *Vermindere die Differenz der Zahlen 345,54 und 92,097 um die Summe der Zahlen 0,454 und 12,00453.*

_____

_____

15. *Um wie viel ist die Differenz der Zahlen 1 043,095 und 236,89 größer als die Summe der Zahlen 45,321 und 554,763?*

_____

_____

Dezimalzahlen multiplizieren und dividieren

1. Dezimalzahlen mit ganzen Zahlen multiplizieren

Susi fährt bei schönem Wetter mit dem Fahrrad in die Schule. Hin und zurück sind das 2,7 km.
Welche Strecke legt sie in einer Schulwoche (5 Tage), welche in einem Monat (20 Tage) zurück?

Um diese Aufgabe zu lösen, gibt es zwei Möglichkeiten.

Möglichkeit 1:   Du wandelst die Kilometer in Meter um: 2,7 km = 2 700 m;
jetzt kannst du mit 5, bzw. mit 20 malnehmen.

2 700 m • 5	2 700 m • 20
1 3500 m = 13,5 km	54 000 m = 54 km

Möglichkeit 2:   Nicht immer hast du die Möglichkeit, in eine Zahl ohne Komma umzuwandeln.

2,7 km • 5	2,7 • 20
13,5 km	54,0 km

Tipp: So werden Dezimalzahlen malgenommen: Es wird so multipliziert, wie mit ganzen Zahlen.
Vom Ergebnis werden von rechts so viele Kommastellen abgestrichen,
wie die Dezimalzahl Kommastellen hat.

---

1. Löse die folgenden Aufgaben. Schreibe wie im Beispiel.

Beispiel: <u>26,41 • 2</u>
52,82

a) <u>34,7 • 9</u>	b) <u>75,7 • 3</u>	c) <u>41,74 • 8</u>	d) <u>105,6 • 7</u>
e) <u>5,321 • 6</u>	f) <u>70,02 • 2</u>	g) <u>0,321 • 4</u>	h) <u>4,36 • 5</u>
i) <u>3,094 • 9</u>	j) <u>14,754 • 7</u>	k) <u>51,87 • 9</u>	l) <u>19,34 • 8</u>

2. Löse die folgenden Aufgaben. Schreibe wie im Beispiel.

Beispiel: <u>26,41 • 23</u>
5282
<u>7923</u>
607,43

a) <u>85,043 • 61</u>	b) <u>3,865 • 27</u>	c) <u>143,6 • 84</u>	d) <u>16,954 • 93</u>

e) 85,043 • 372   f) 363,5 • 165   g) 90,043 • 932   h) 0,03 • 471

——————   ——————   ——————   ——————

——————   ——————   ——————   ——————

——————   ——————   ——————   ——————

——————   ——————   ——————   ——————

i) 2,0921 • 784   j) 0,432 • 274   k) 134,22 • 802   l) 1,77 • 803

——————   ——————   ——————   ——————

——————   ——————   ——————   ——————

——————   ——————   ——————   ——————

——————   ——————   ——————   ——————

2. Dezimalzahlen mit Dezimalzahlen multiplizieren

Frau Meisig kauft 2,4 kg Rindfleisch. Das Kilogramm kostet 35,60 €. Was muss sie bezahlen?

Diese Aufgabe löst du ganz einfach:

$$35,60 € • 2,4$$
$$7120$$
$$\underline{14240}$$
$$\mathbf{85,440 € = 85,44 €}$$

Tipp: So werden Dezimalzahlen mit Dezimalzahlen malgenommen:
Es wird zunächst so multipliziert, wie mit ganzen Zahlen.
Vom Ergebnis werden von rechts so viele Kommastellen abgestrichen, wie die beiden Dezimalzahlen zusammen Kommastellen haben.

1. *Rechne die folgenden Aufgaben.   Schreibe wie im Beispiel.*

Beispiel: 34,543 • 4,7
         138172
         241801
         162,3521

a) 4,46 • 9,312   b) 1,9 • 3,983   c) 9,43 • 9,027   d) 13,50 • 1,845

——————   ——————   ——————   ——————

——————   ——————   ——————   ——————

——————   ——————   ——————   ——————

——————   ——————   ——————   ——————

——————   ——————   ——————   ——————

e) 94,92 • 8,72   f) 4,66 • 3,67   g) 0,763 • 2,36   h) 2,9305 • 4,96

_____   _____   _____   _____

_____   _____   _____   _____

_____   _____   _____   _____

_____   _____   _____   _____

i) 43,456 • 9,2   j) 1,94 • 98,3   k) 9,543 • 9,02   l) 13,50 • 1,845

_____   _____   _____   _____

_____   _____   _____   _____

_____   _____   _____   _____

_____   _____   _____   _____

2. Rechne aus und runde auf die übliche Stellenzahl. Schreibe wie im Beispiel.

Beispiel: 45,35 € • 0,47
           0000
          18140
           31745
          21,3145 € ≈ **21,31 €**

Tipp: Runde:			
€:	2 Stellen	**Längenmaße:**	2 Stellen (Ausnahme km)
Gewichte:	3 Stellen	**Flächenmaße:**	2 Stellen
Hohlmaße:	2 Stellen	**Raummaße:**	3 Stellen

a) 87,76 € • 4,24   b) 5,81 € • 7,94

_____   _____

_____   _____

_____   _____

_____ € ≈ _____   _____ € ≈ _____

c) 125,76 kg • 9,561   d) 769,41 kg • 18,32

_____   _____

_____   _____

_____   _____

_____   _____

_____ kg ≈ _____   _____ kg ≈ _____

e) <u>4,867 m • 3,74</u>

        _____

        _____

        _____

_____ m ≈ _____

f) <u>94,7 cm • 5,86</u>

        _____

        _____

        _____

_____ cm ≈ _____

g) <u>106,59 hl • 0,81</u>

        _____

        _____

        _____

_____ hl ≈ _____

h) <u>14,4 l • 3,67</u>

        _____

        _____

        _____

_____ l ≈ _____

i) <u>3,005 t • 6,74</u>

        _____

        _____

        _____

_____ t ≈ _____

j) <u>23,076 t • 5,32</u>

        _____

        _____

        _____

_____ t ≈ _____

k) <u>0,004 m² • 2,96</u>

        _____

        _____

        _____

_____ m ≈ _____

l) <u>5,86 mm² • 2,65</u>

        _____

        _____

        _____

_____ cm ≈ _____

m) <u>0,456 m3 • 0,42</u>

        _____

        _____

        _____

_____ m³ ≈ _____

n) <u>5,81 cm3 • 7,94</u>

        _____

        _____

        _____

_____ cm³ ≈ _____

o) <u>1,543 g • 3,5</u>

        _____

        _____

_____ g ≈ _____

p) <u>16,954 km • 1,7</u>

        _____

        _____

_____ km ≈ _____

3. Dezimalzahlen durch ganze Zahlen dividieren

Peter, Fritz und Klaus kaufen gemeinsam ein Geschenk für ihre Eltern. Es kostet 25,20 €.
Was muss jeder bezahlen?

Um diese Aufgabe zu lösen, gibt es zwei Möglichkeiten.

Möglichkeit 1: zuerst wandelst du die Euro in Cent um: 25,20 € = 2 520 Cent
jetzt kannst du durch 3 teilen.

2520 Cent: 3 = 840 Cent, das sind 8,40 €
24
12
12
00

Möglichkeit 2: du kannst auch mit Komma rechnen.

25,20 € : 3 = 8,40 €
24
12
12
00

Tipp: So werden Dezimalzahlen dividiert:
Es wird so dividiert, wie mit ganzen Zahlen.
Sobald wir beim Rechnen das Komma überschreiten, setzen wir das Komma beim Ergebnis.
Erst dann wird die nächste Stelle heruntergeholt.

1. Löse die folgenden Aufgaben. Schreibe wie im Beispiel.

Beispiel: 99,20 : 8 = 12,4
8
19
16
32
32
00

0,36 : 3 = 0,12
0
3
3
6
6
0

a) 83,23 : 7 = _____

b) 43,05 : 3 = _____

c) 207,09 : 9 = _____

d) 116,28 : 4 = _____

e) 337,74 : 13 = _____

f) 45,006 : 15 = _____

g) 3,598 : 14 = _____

h) 0,374 : 11 = _____

i) 2164,8 : 176 = _____

j) 2763,6 : 329 = _____

k) 47454,4 : 532 = _____

l) 12,45 : 498 = _____

4. Dezimalzahlen durch Dezimalzahlen dividieren

Im Supermarkt kosten 7,5 kg Kartoffeln 12,75 €. Frau Mehrlich möchte wissen, was 1 kg kostet.

Um diese Aufgabe zu lösen, muss sie die Division 12,75 € : 7,5 ausführen.

So dividierst du:
Du erweiterst beide Zahlen mit 10, damit die Zahl, mit der du dividieren musst, eine ganze Zahl wird.

12,75 € : 7,5 =

127,5 : 75 = 1,7 [€]
<u>75</u>
525
<u>525</u>
00

Tipp: So werden Dezimalzahlen durch Dezimalzahlen dividiert:
Beide Zahlen werden mit 10, 100, 1 000, ... multipliziert, damit man durch eine ganze Zahl dividieren kann.
Sobald wir beim Rechnen das Komma überschreiten, setzen wir das Komma beim Ergebnis. Erst dann wird die nächste Stelle heruntergeholt.

1. Löse die folgenden Aufgaben. Schreibe wie im Beispiel.

Tipp: Es bleibt kein Rest.

Beispiel: 65,31 : 15,55 =

$$6531,0 : 1555 = 4,2$$
$$\underline{6220}$$
$$3110$$
$$\underline{3110}$$
$$0$$

a)   1209,81 : 14,7 =

_____ = _____

b) 296,4 : 32,5 =

_____ = _____

c)   350,72 : 25,6 =

_____ = _____

d) 3840,76 : 47,3 =

_____ = _____

e)   2175,12 : 68,4 =

_____ = _____

f) 5101,63 : 94,3 =

_____ = _____

g)   2516,25 : 27,5 =

_____ = _____

h) 1755,61 : 41,9 =

_____ = _____

i) 1692,285 : 34,05 =

_____ = _____

j) 984,048 : 39,52 =

_____ = _____

k) 3,12409 : 66,47 =

_____ = _____

l) 11,6848 : 0,134 =

_____ = _____

m) 335,625 : 134,25 =

_____ = _____

n) 31,74615 : 7,505 =

_____ = _____

o) 38,6835 : 6,97 =

_____ = _____

p) 3570,425 : 84,01 =

_____ = _____

q) 3,17295 : 2,1153 =

_____ = _____

r) 48,9975 : 195,99 =

_____ = _____

2. *Die folgenden Aufgaben gehen nicht auf. Rechne soweit, dass du sinnvoll runden kannst. Rechne eine Stelle weiter aus, als du rundest. Schreibe wie im Beispiel.*

Beispiel: 24,873 € : 14,37 =

$\quad$ 2487,3 € : 1437 = 1,730 ≈ 1,73 [€]
$\quad$ <u>1437</u>
$\quad$ 10503
$\quad$ <u>10059</u>
$\quad\;$ 4440
$\quad\;$ <u>4311</u>
$\quad\;$ 1290

a) 345,74 € : 45,733 = _____

$\quad\quad\quad\quad\quad\quad$ ≈ _____

b) 56,93 € : 8,643 = _____

$\quad\quad\quad\quad\quad\quad$ ≈ _____

c) 4,295 kg : 3,67 = _____

$\quad\quad\quad\quad\quad\quad$ ≈ _____

d) 754,741 kg : 34,5 = _____

$\quad\quad\quad\quad\quad\quad$ ≈ _____

e) 34,73 m : 3,76 = _____

$\quad\quad\quad\quad\quad\quad$ ≈ _____

f) 0,7354 km : 2,53 = _____

$\quad\quad\quad\quad\quad\quad$ ≈ _____

g) 23,76 m² : 4,856 = _____

≈ _____

h) 5,97 cm² : 2,021 = _____

≈ _____

i) 35,04 hl : 16,7 = _____

≈ _____

j) 876,65 l : 15,8 = _____

≈ _____

k) 9,458 t : 0,543 = _____

≈ _____

l) 85,094 g : 2,43 = _____

≈ _____

m) 4356,07 mm : 345,001 = _____

≈ _____

n) 2754,96 dm : 9,73 = _____

≈ _____

5. Sachaufgaben

1. In einer Weinkellerei sollen 975 l Wein in 0,7 l Flaschen gefüllt werden. Wie viele Flaschen braucht man? Wie viel Wein bleibt übrig?

Wir wissen: _____

_____

Wir fragen: _____

Wir rechnen:

Wir antworten: _____

2. 1 m Draht wiegt 0,055 kg, eine Rolle Draht 25,355 kg. Wie viele Meter sind das?

Wir wissen: _____

_____

Wir fragen: _____

Wir rechnen:

Wir antworten: _____

3. In einer Großmolkerei werden stündlich 0,8 t Quark in 0,5 kg Pakete verpackt. Wie viele Packungen sind das bei einem 7,5 Stunden Tag?

Wir wissen: _____

_____

Wir fragen: _____

Wir rechnen:

Wir antworten: _____

4. Ein Lastkahn liegt mit 980 t Kohle im Hafen. Die Kohle wird auf Güterwaggons umgeladen, die 19,6 t fassen können. Wie viele Güterwaggons werden benötigt?

Wir wissen: _____

_____

Wir fragen: _____

Wir rechnen:

Wir antworten: _____

5. Ein PKW braucht 8,6 l Benzin auf 100 km. Wie weit kann man bei gleicher Geschwindigkeit mit einer Tankfüllung von 65,4 l kommen?

Wir wissen: _____

_____

Wir fragen: _____

Wir rechnen:

Wir antworten: _____

6. Das 27,3 fache einer Zahl ist 0,1365. Wie heißt die Zahl?

7. Dividiere das Produkt aus 5,76 und 39,9 durch den Quotienten aus 28,5 und 0,25.

8. Womit muss man den Quotienten der Zahlen 0,1848 und 0,2625 multiplizieren, um das Produkt 4,4 zu erhalten?

Aufgaben mit Dezimalzahlen

1. Vermischte Aufgaben

Achte bei den folgenden Aufgaben unbedingt auf die Rechenregeln.
An der Seite hast du Platz für Nebenrechnungen.

> **Tipp:** Punkt vor Strich. Klammer geht vor.

1. $4,9 \cdot 7,8 + 0,63 =$ _____

   _____

2. $15,2 \cdot (0,875 - 0,3) =$ _____

   _____

3. $25 - (0,025 : 0,5 + 0,05) =$ _____

   _____

4. $1,57 \cdot 0,81 + 6,53 \cdot 5,87 + 0,3972 =$

   _____

   _____

   _____

5. $(0,7 + 0,0085 \cdot 1800) : 0,016 =$

   _____

   _____

   _____

6. $7,04 \cdot 0,132 : 17,6 =$ _____

   _____

   _____

7. $(6,04816 - 0,268 \cdot 9,37) : 0,262 =$

   _____

   _____

   _____

8. $0,801 \cdot 3640 : 0,468 =$ _____

   _____

   _____

   _____

9. 3,6 • 0,24 : 0,18 : 0,6 = _____

_____

_____

_____

10. 0,36 : 0,15 : 0,3 = _____

_____

_____

_____

11. 0,119 : 0,17 : 0,002 = _____

_____

_____

_____

12. 7,4 • 0,09 : 0,0333 = _____

_____

_____

_____

13. 0,95 • 6,5 : 0,025 : 0,38 = _____

_____

_____

_____

14. 8,1 • 6,6 • 0,05 : 0,297 = _____

_____

_____

_____

15. 7,5 • 0,625 : 0,25 : 15 = _____

_____

_____

_____

2. Sachaufgaben

1. Die Klasse 6 c verkauft auf dem Schulfest Limonade in 0,4 l Becher zu je 1,10 €.
Insgesamt werden 49,2 l Limonade ausgeschenkt. Wie viel nimmt die Klasse ein?

Wir wissen: _____

_____

Wir fragen: _____

Wir rechnen:

Wir antworten: _____

2. Wie schwer ist eine Kabelrolle mit 60 m Kabel, wenn 1 m Kabel 0,75 kg wiegt und die
Kabelrolle 4,5 kg schwer ist?

Wir wissen: _____

_____

Wir fragen: _____

Wir rechnen:

Wir antworten: _____

3. Herr Knurp kauft im Baumarkt ein: 14 m Holzleisten zu 1,75 € je Meter, 25 Steinplatten,
das Stück zu 9,75 € und 4 Tuben Silicon zu je 11,95 €. Erstelle die Rechnung.

Wir wissen: _____

_____

Wir fragen: _____

Wir rechnen:

Wir antworten: _____

4. In einem Kasten Mineralwasser sind 12 Flaschen zu je 0,75 l. Wie teuer ist 1 l Mineralwasser,
wenn der Kasten 14,07 € kostet. In diesem Preis ist das Pfand (6,60 €) enthalten.

Wir wissen: _____

_____

Wir fragen: _____

Wir rechnen:

Wir antworten: _____

5. *Eine Pumpe fördert pro Minute 185 l. Wann ist ein Tank, der 92,50 hl fasst, geleert?*

Wir wissen: _____
_____

Wir fragen: _____

Wir rechnen:

Wir antworten: _____

6. *Ein Liter Dieselkraftstoff kostet 109,9 Cent. Ein Autofahrer tankt 75 Liter.*
   Wie viel muss er bezahlen?

Wir wissen: _____
_____

Wir fragen: _____

Wir rechnen:

Wir antworten: _____

7. *Ein Liter Benzin kostet 1,299 €. Eine Autofahrerin tankt für 70 €. Wie viel Benzin erhält sie?*

Wir wissen: _____
_____

Wir fragen: _____

Wir rechnen:

Wir antworten: _____

8. *Landwirt Seidel liefert 79,5 t Zuckerrüben an die Zuckerfabrik. Die Fabrik zahlt 43,50 €*
für die Tonne. Wie viel € erhält der Landwirt.

Wir wissen: _____

_____

Wir fragen: _____

Wir rechnen:

Wir antworten: _____

9. *Herr Merdan verdient im Monat 3 712,50 € brutto. Wie hoch ist bei einer 37,5 Stundenwoche*
sein Stundenlohn, wenn 480 € Schmutzzulage enthalten sind?

Wir wissen: _____

_____

Wir fragen: _____

Wir rechnen:

Wir antworten: _____

10. *Ein PKW-Fahrer fährt bei Tachostand 23 456 ab. Nach 2 Stunden 45 Minuten zeigt der*
Tacho 23 814 an. Wie groß war die durchschnittliche Stundengeschwindigkeit?

Wir wissen: _____

_____

Wir fragen: _____

Wir rechnen:

Wir antworten: _____

11. Ein Obsthändler kauft im Großmarkt 125 kg Birnen zu je 1,35 €, 145 kg Äpfel zu je 1,24 €
und 255 kg Orangen zu je 1,45 € ein. Wie viel muss er bezahlen?

Wir wissen: _____

_____

Wir fragen: _____

Wir rechnen:

Wir antworten: _____

12. Multipliziere die Summe der Zahlen 5,60 und 7,80 mit 6,25.

_____

_____

_____

13. Multipliziere die Differenz der Zahlen 7,25 und 5,35 mit 17,09.

_____

_____

_____

14. Multipliziere 0,75 mit der Differenz der Zahlen 8,95 und 6,09.

_____

_____

_____

15. Multipliziere 25,7 mit der Summe der Zahlen 12,07 und 14,8.

_____

_____

_____

16. Multipliziere die Summe der Zahlen 9,04 und 1,08 mit der Differenz beider Zahlen.

_____

_____

_____

17. Bilde die Summe und die Differenz der Zahlen 8,08 und 6,75 und multipliziere die beiden Ergebnisse miteinander.

---

18. Welche Zahl muss man durch die Summe der Zahlen 6,17 und 2,83 dividieren, um 6,5 zu erhalten?

---

19. Addiere 25,6 zur Summe aus 15,06 und 0,75 und multipliziere das Ergebnis mit 2,7.

---

20. Dividiere die Summe der Zahlen 0,85 und 0,904 durch 20.

---

21. Dividiere 285,3 durch die Summe der Zahlen 2,25 und 7,75.

---

22. Welche Zahl muss man mit 17 multiplizieren, um 293,25 zu erhalten?

Bruch- und Dezimalzahlen

1. Vermischte Aufgaben

Berechne folgende Aufgabe: $1{,}75 + 1\frac{1}{2} + \frac{1}{3} =$

> **Tipp:** Bei Aufgaben, in denen Bruch- und Dezimalzahlen vermischt vorkommen, musst du dich für eine Schreibweise entscheiden. Viele rechnen lieber mit Dezimalzahlen. Das geht aber nur, wenn sich der Bruch durch Dividieren in eine Dezimalzahl verwandeln lässt.
>
> Das ist mit endlichen Brüchen möglich, d. h. mit Brüchen, die beim Dividieren aufgehen.

Endliche Brüche sind z. B. $\frac{1}{2}$; $\frac{1}{4}$; $\frac{1}{5}$; $\frac{1}{8}$; $\frac{1}{10}$; ...

Unendliche Brüche sind z. B. $\frac{1}{3}$; $\frac{1}{6}$; $\frac{1}{7}$; $\frac{1}{9}$; ...

Sind in einer Aufgabe unendliche Brüche und Dezimalzahlen vermischt, musst du die Dezimalzahlen in Brüche umwandeln. Wie das geht, hast du bereits gelernt.

Nun wieder zurück zu der Aufgabe:

$1{,}75 + 1\frac{1}{2} + \frac{1}{3} = 1\frac{3}{4} + 1\frac{1}{2} + \frac{1}{3} = 2\frac{9+6+4}{12} = 3\frac{7}{12}$

1. *Löse die folgenden Aufgaben. Entscheide dich, ob du mit Bruch- oder mit Dezimalzahlen rechnest. Schreibe wie im Beispiel.*

Beispiel: $0{,}25 + 1\frac{1}{4} - 0{,}3 =$ $0{,}25 + 1\frac{1}{4} - 0{,}3 =$

$$\text{oder}$$

$0{,}25 + 1{,}25 - 0{,}3 = \underline{1{,}2}$ $\frac{1}{4} + 1\frac{1}{4} - \frac{3}{10} = 1\frac{5*5-6}{20} = 1\frac{1}{5}$

a) $\frac{1}{5} \cdot 9{,}2 + 4{,}85 =$ _____

_____

b) $\frac{3}{7} \cdot \frac{2}{3} \cdot 0{,}25 =$ _____

_____

c) $1{,}6 \cdot (\frac{7}{8} - \frac{4}{5}) =$ _____

_____

d) $(1\frac{3}{4} + 3\frac{1}{3}) \cdot 0{,}9 =$ _____

_____

e) $5 : \frac{5}{6} - 6 \cdot 0{,}75 =$ _____

_____

f) $0,5 \cdot \frac{2}{3} \cdot 8 : \frac{1}{3} =$ _____

_____

g) $2\frac{1}{6} : (0,9 - \frac{3}{4}) =$ _____

_____

h) $3\frac{3}{7} \cdot 4\frac{4}{5} : 4,8 =$ _____

_____

i) $(3,25 + 1\frac{1}{7}) : (5\frac{5}{8} - 3\frac{3}{14}) =$ _____

_____

j) $(6\frac{2}{3} + \frac{1}{9} + 3,625) \cdot 6\frac{6}{11} =$ _____

_____

k) $(5\frac{3}{4} + 6,416 - 8,875) : \frac{2}{5} =$ _____

_____

l) $(9\frac{2}{3} + 5,6 - 3,5) \cdot 3\frac{3}{4} =$ _____

_____

m) $4,2 \cdot 3\frac{3}{7} \cdot 4,875 =$ _____

_____

n) $2,5 \cdot (1\frac{1}{2} : 3,75) =$ _____

_____

o) $2\frac{2}{5} : 1\frac{1}{3} : 2,8 =$ _____

_____

p) $4,6 \cdot 2,5 \cdot 4\frac{3}{8} =$ _____

_____

q) $1\frac{2}{5} + 4,5 + 6\frac{1}{2} =$ _____

_____

2. *Ein Mensch sollte täglich ungefähr $\frac{1}{50}$ seines Körpergewichtes an Nahrung zu sich nehmen. Philipp wiegt 41,5 kg. Wie viel Nahrung in Gramm und Kilogramm sollte Philipp täglich essen?*

Wir wissen: _____

_____

Wir fragen: _____

Wir rechnen:

Wir antworten: _____

3. *An einer Mittelschule werden zu Schuljahresbeginn folgende Bücher bestellt: 35 Erdkunde– bücher zu je 14,50 €; 25 Englischbücher zu je 24,50 €; 120 Atlanten zu 37,90 € und 45 Physikbücher zu 21,30 €. Bei Barzahlung dürfen $\frac{3}{100}$ vom Preis abgezogen werden. Wie teuer kommen die Bücher bei Barzahlung?*

Wir wissen: _____

_____

Wir fragen: _____

Wir rechnen:

Wir antworten: _____

4. *Der Pegelstand eines Flusses veränderte sich bei letzten Hochwasser folgendermaßen: Stand um 6 Uhr: 4,31 m; bis 12 Uhr stieg das Wasser um $\frac{1}{4}$ m und fiel bis um 16 Uhr um 21 cm. Bis zum nächsten Morgen stieg es wieder um $\frac{1}{2}$ m um dann bis um 18 Uhr um 32 cm zu fallen. Wie hoch stand das Wasser nun?*

Wir wissen: _____

_____

Wir fragen: _____

Wir rechnen:

Wir antworten: _____

5. Ein Ölbehälter fasst 9 600 Liter. Da sich der Inhalt im Sommer ausdehnt, darf er nur zu $\frac{7}{8}$ gefüllt werden. Wie lange dauert die Füllung, wenn in der Minute 250 Liter einfließen?

Wir wissen: _____

_____

Wir fragen: _____

Wir rechnen:

Wir antworten: _____

6. Ein Weinhändler zahlt für 2,5 hl Wein 2 250 €. Er füllt ihn in Flaschen zu $\frac{3}{4}$ l ab. Wie teuer verkauft er eine Flasche, wenn er pro Flasche 1,50 Gewinn aufschlägt?

Wir wissen: _____

_____

Wir fragen: _____

Wir rechnen:

Wir antworten: _____

7. In einer Kaffeerösterei werden 450 t Kaffee aus Costa Rica angeliefert. Durch das Rösten verliert der Kaffee $\frac{1}{5}$ seines Gewichts. Wie viele Packungen zu je 250 g können nach dem Rösten abgefüllt werden?

Wir wissen: _____

_____

Wir fragen: _____

Wir rechnen:

Wir antworten: _____

2. Flächenberechnungen mit Bruch- und Dezimalzahlen

1. Ein Baugrundstück ist 27 m lang und $24\frac{1}{2}$ m breit. Der Quadratmeter kostet 85,60 €. Berechne den Kaufpreis.

Wir wissen: _____

_____

Wir fragen: _____

Wir rechnen:

Wir antworten: _____

2. Bauer Vinzent will seinen Acker, der $12\frac{2}{3}$ m breit und $14\frac{1}{2}$ lang ist, für 5014,10 € verkaufen. Wie viel kostet 1 m²?

Wir wissen: _____

_____

Wir fragen: _____

Wir rechnen:

Wir antworten: _____

3. Der Boden eines Bades soll gefliest werden. Es ist 2,4 m breit und $2\frac{1}{4}$ m lang. Der Quadratmeter Fliesen kostet 75,60 €. Der Fliesenleger berechnet $7\frac{2}{3}$ Arbeitsstunden zu je 52,50 €. Wie teuer kommt das Bad?

Wir wissen: _____

_____

Wir fragen: _____

Wir rechnen:

Wir antworten: _____

4. *Eine rechteckige Wiese (25,5 m lang und $24\frac{3}{4}$ m breit) wird eingesät. Pro Quadratmeter rechnet man 35 g Wiesenmischung. Ein kg kostet 9,50 €. Wie teuer kommt die Saat?*

Wir wissen: _____

_____

Wir fragen: _____

Wir rechnen:

Wir antworten: _____

5. *Im Winterschlussverkauf wird ein Teppichrest ($3\frac{3}{8}$ m lang, $4\frac{2}{5}$ m breit) günstig angeboten. Kann Familie Menner damit das Kinderzimmer, das 15 m² Fläche hat, auslegen?*

Wir wissen: _____

_____

Wir fragen: _____

Wir rechnen:

Wir antworten: _____

6. *Eine Pferdekoppel, die 19,6 m lang und $18\frac{1}{8}$ m breit ist, wird vierfach mit Draht umspannt. Für das Eingangstor werden $2\frac{1}{2}$ m freigelassen. Reicht eine 300 m Rolle Draht?*

Wir wissen: _____

_____

Wir fragen: _____

Wir rechnen:

Wir antworten: _____

3. Volumenberechnungen mit Bruch- und Dezimalzahlen

1. Welchen Rauminhalt hat ein Quader, der 4,5 m lang, $4\frac{2}{3}$ m breit und $\frac{2}{7}$ m hoch ist?

Wir wissen: _____

_____

Wir fragen: _____

Wir rechnen:

Wir antworten: _____

2. Wie schnell ist ein Tank ($l = 4\frac{1}{8}$ m, $b = \frac{9}{11}$ m, $h_k = 1\frac{1}{3}$ m) geleert, wenn in der Sekunde $2\frac{1}{4}$ l Wasser fließen?

Wir wissen: _____

_____

Wir fragen: _____

Wir rechnen:

Wir antworten: _____

3. Wie hoch ist ein rechteckiges Silo ($l = 6\frac{2}{5}$ m, $b = 3,80$ m), wenn das Volumen 304 m³ beträgt?

Wir wissen: _____

_____

Wir fragen: _____

Wir rechnen:

Wir antworten: _____

4. Wie tief muss ein Behälter von $2\frac{1}{4}$ m Länge und $\frac{7}{10}$ m Breite sein, wenn er 1,89 m³ fassen soll?

Wir wissen: _____

_____

Wir fragen: _____

Wir rechnen:

Wir antworten: _____

5. In einem quaderförmigen Öltank steht das Öl $\frac{2}{3}$ m hoch. Die Grundfläche beträgt 2,5 m auf $2\frac{2}{5}$ m. Wie viel Liter Öl sind im Tank?

Wir wissen: _____

_____

Wir fragen: _____

Wir rechnen:

Wir antworten: _____

6. Wie viele Zentner Kartoffeln passen in eine Kiste mit den Maßen 1,2 m, 0,85 m und $\frac{7}{10}$ m, wenn 1 Zentner etwa den Rauminhalt von 75 dm³ hat? Runde sinnvoll.

Wir wissen: _____

_____

Wir fragen: _____

Wir rechnen:

Wir antworten: _____

Lösungen

Seite 7, **Nr. 1** erweitert mit 2: $\frac{6}{8}$; $\frac{4}{14}$; $\frac{10}{16}$; $\frac{18}{24}$; $\frac{14}{26}$; $\frac{8}{18}$; $\frac{6}{10}$; $\frac{4}{6}$; $\frac{10}{12}$; $\frac{2}{4}$; $\frac{12}{22}$;

$\frac{20}{26}$; $\frac{30}{34}$; $\frac{42}{44}$; $\frac{10}{28}$; $\frac{14}{38}$;

Seite 8, **Nr. 1** erweitert mit 3: $\frac{9}{12}$; $\frac{6}{21}$; $\frac{15}{24}$; $\frac{27}{36}$; $\frac{21}{39}$; $\frac{12}{27}$; $\frac{9}{15}$; $\frac{6}{9}$; $\frac{15}{18}$; $\frac{3}{6}$; $\frac{18}{33}$; $\frac{30}{39}$;

$\frac{45}{51}$; $\frac{63}{66}$; $\frac{15}{42}$; $\frac{21}{57}$;

erweitert mit 4. $\frac{12}{16}$. $\frac{8}{28}$. $\frac{20}{32}$. $\frac{36}{48}$. $\frac{28}{52}$. $\frac{16}{36}$. $\frac{12}{20}$. $\frac{6}{12}$. $\frac{20}{24}$. $\frac{4}{8}$.

$\frac{24}{44}$; $\frac{40}{52}$; $\frac{60}{68}$; $\frac{82}{88}$; $\frac{20}{56}$; $\frac{28}{76}$;

erweitert mit 5: $\frac{15}{20}$; $\frac{10}{35}$; $\frac{25}{40}$; $\frac{45}{60}$; $\frac{35}{65}$; $\frac{20}{45}$;

Seite 9, erweitert mit 5: $\frac{15}{25}$; $\frac{10}{15}$; $\frac{25}{30}$; $\frac{5}{10}$; $\frac{30}{55}$; $\frac{50}{65}$; $\frac{75}{85}$; $\frac{105}{110}$; $\frac{25}{70}$; $\frac{35}{95}$;

erweitert mit 12: $\frac{36}{48}$; $\frac{24}{84}$; $\frac{60}{96}$; $\frac{108}{144}$; $\frac{84}{156}$; $\frac{48}{108}$; $\frac{36}{60}$; $\frac{24}{36}$; $\frac{60}{72}$; $\frac{12}{24}$;

$\frac{60}{132}$; $\frac{120}{156}$; $\frac{180}{204}$; $\frac{252}{264}$; $\frac{60}{168}$; $\frac{84}{228}$;

Nr. 2 **a:** $\frac{1}{2} = \frac{6}{12}$; $\frac{5}{6} = \frac{10}{12}$; $\frac{2}{3} = \frac{8}{12}$; $\frac{1}{4} = \frac{3}{12}$; $\frac{7}{6} = \frac{14}{12}$; $\frac{1}{3} = \frac{4}{12}$;

Seite 10, **Nr. 2** **b:** $\frac{2}{3} = \frac{20}{30}$; $\frac{7}{15} = \frac{14}{30}$; $\frac{1}{2} = \frac{15}{30}$; $\frac{4}{6} = \frac{20}{30}$; $\frac{3}{5} = \frac{18}{30}$; $\frac{9}{10} = \frac{27}{30}$;

c: $\frac{11}{12} = \frac{44}{48}$; $\frac{23}{24} = \frac{46}{48}$; $\frac{5}{8} = \frac{30}{48}$; $\frac{2}{3} = \frac{32}{48}$; $\frac{1}{2} = \frac{24}{48}$; $\frac{7}{6} = \frac{56}{48}$;

$\frac{3}{4} = \frac{36}{48}$; $\frac{9}{12} = \frac{36}{48}$;

d: $\frac{19}{20} = \frac{57}{60}$; $\frac{9}{15} = \frac{36}{60}$; $\frac{1}{4} = \frac{15}{60}$; $\frac{4}{5} = \frac{48}{60}$; $\frac{11}{12} = \frac{55}{60}$; $\frac{5}{6} = \frac{50}{60}$;

$\frac{2}{3} = \frac{40}{60}$; $\frac{7}{10} = \frac{42}{60}$; $\frac{23}{30} = \frac{46}{60}$; $\frac{1}{2} = \frac{30}{60}$;

Nr. 3 **a:** 9; 5; 2; 2; **b:** 5; 9; 3; 4;

Seite 11 **Nr. 1** **a:** gekürzt durch 2: $\frac{4}{7}$; $\frac{3}{8}$; $\frac{5}{9}$; $\frac{2}{12}$; $\frac{6}{13}$; $\frac{1}{10}$;

b: gekürzt durch 3: $\frac{1}{4}$; $\frac{3}{5}$; $\frac{4}{11}$; $\frac{2}{5}$; $\frac{6}{22}$; $\frac{9}{100}$;

c: gekürzt durch 4: $\frac{2}{3}$; $\frac{1}{4}$; $\frac{6}{7}$; $\frac{2}{18}$; $\frac{3}{4}$; $\frac{10}{11}$;

d: gekürzt durch 5: $\frac{1}{2}$; $\frac{2}{5}$; $\frac{5}{7}$; $\frac{3}{11}$; $\frac{1}{10}$; $\frac{20}{21}$;

e: gekürzt durch 7: $\frac{1}{2}$; $\frac{2}{5}$; $\frac{3}{7}$; $\frac{4}{9}$; $\frac{5}{12}$; $\frac{3}{10}$;

Seite 12, Nr. 1 **f:** gekürzt durch 8: $\frac{1}{2}$; $\frac{3}{4}$; $\frac{2}{5}$; $\frac{6}{7}$; $\frac{10}{12}$; $\frac{1}{8}$;

g: gekürzt durch 9: $\frac{1}{3}$; $\frac{2}{6}$; $\frac{4}{5}$; $\frac{3}{8}$; $\frac{1}{9}$; $\frac{12}{20}$;

h: gekürzt durch 11: $\frac{1}{2}$; $\frac{3}{10}$; $\frac{4}{7}$; $\frac{5}{9}$; $\frac{8}{11}$; $\frac{6}{13}$;

i: gekürzt durch 12: $\frac{1}{4}$; $\frac{2}{5}$; $\frac{3}{6}$; $\frac{5}{7}$; $\frac{6}{9}$; $\frac{8}{12}$;

Nr. 2 **a:** $\frac{2}{3}$; $\frac{1}{3}$; $\frac{2}{3}$; **b:** $\frac{3}{4}$; $\frac{1}{4}$; $\frac{2}{4}$; $\frac{9}{4}$; $\frac{13}{4}$; $\frac{5}{4}$;

c: $\frac{3}{5}$; $\frac{1}{5}$; $\frac{7}{5}$; $\frac{2}{5}$; $\frac{6}{5}$; $\frac{9}{5}$;

Seite 13, Nr. 2 **d:** $\frac{2}{6}$; $\frac{5}{6}$; $\frac{7}{6}$; $\frac{2}{6}$; $\frac{4}{6}$; $\frac{13}{6}$;

e: $\frac{1}{7}$; $\frac{4}{7}$; $\frac{2}{7}$; $\frac{5}{7}$; $\frac{3}{7}$; $\frac{6}{7}$;

f: $\frac{1}{8}$; $\frac{4}{8}$; $\frac{3}{8}$; $\frac{5}{8}$; $\frac{7}{8}$; $\frac{11}{8}$;

g: $\frac{4}{10}$; $\frac{8}{10}$; $\frac{4}{10}$;

Nr. 3 **a:** 2; 9; 3; 3; **b:** 9; 7; 2; 7;

c: 10; 12; 25; 5; **d:** 7; 13; 11; 17;

e: 21; 30; 35; 250

Seite 14, Nr. 4 **a:** $\frac{3}{4}$; **b:** $\frac{9}{11}$ · **c:** $\frac{1}{6}$; **d:** $\frac{3}{5}$; **e:** $\frac{3}{4}$; **f:** $\frac{1}{2}$ · **g:** $\frac{3}{7}$; **h:** $\frac{8}{11}$; **i:** $\frac{4}{9}$ ·

j: $\frac{3}{5}$; **k:** $\frac{1}{5}$; **l:** $\frac{1}{6}$; **m:** $\frac{4}{5}$; **n:** $\frac{10}{11}$; **o:** $\frac{6}{13}$; **p:** $\frac{17}{41}$;

q: $\frac{2}{5}$; **r:** $\frac{13}{36}$;

Seite 15, Nr. 5 $\frac{1}{3}$; $\frac{2}{3}$; $\frac{4}{5}$; $\frac{3}{7}$; $\frac{5}{9}$; $\frac{5}{8}$; $\frac{3}{4}$; $\frac{7}{12}$; $\frac{5}{6}$; $\frac{5}{6}$; $\frac{3}{5}$;
$\frac{5}{7}$; $\frac{7}{13}$; $\frac{3}{4}$; $\frac{4}{7}$; $\frac{7}{9}$; $\frac{1}{4}$; $\frac{9}{17}$; $\frac{2}{3}$; $\frac{5}{6}$; $\frac{2}{3}$; $\frac{2}{3}$;
$\frac{1}{2}$; $\frac{8}{9}$; $\frac{4}{7}$; $\frac{9}{31}$; $\frac{4}{11}$; $\frac{7}{20}$; $\frac{1}{6}$; $\frac{1}{2}$; $\frac{11}{40}$; $\frac{21}{23}$;

Seite 16 Nr. 1 **a:** $\frac{4}{9} < \frac{1}{2} < \frac{3}{4}$; **b:** $\frac{1}{4} < \frac{3}{10} < \frac{3}{8}$; **c:** $\frac{2}{5} < \frac{4}{9} < \frac{2}{3}$; **d:** $\frac{3}{7} < \frac{11}{14} < \frac{7}{8}$;

e: $\frac{2}{11} < \frac{1}{2} < \frac{5}{6}$; **f:** $\frac{2}{9} < \frac{4}{15} < \frac{4}{5}$; **g:** $\frac{2}{7} < \frac{1}{2} < \frac{3}{4}$;

h: $\frac{5}{8} < \frac{7}{10} < \frac{5}{6}$; **i:** $\frac{1}{8} < \frac{3}{5} < \frac{7}{10}$;

Seite 17, Nr. 2   **a:** L: 8; 9; 10; 11; ...;   **b:** L: 1;

c: L: 3; 4; 5; 6; ...;   **d:** L: 1;

e: L: 6; 7; 8; 9; ...;   **f:** L: 39; 40; 41; 42; ...;

g: L: 6; 7; 8; 9;   **h:** L: 15; 16; 17; 18; 19; ...;

i: L: 1; 2; 3; 4;

Seite 18, Nr. 1 $5 = \frac{5}{1}; \ \frac{10}{2}; \ \frac{20}{4};$ $7 = \frac{7}{1}; \ \frac{14}{2}; \ \frac{21}{3};$

$8 = \frac{8}{1}; \ \frac{16}{2}; \ \frac{24}{3};$ $10 = \frac{10}{1}; \ \frac{20}{2}; \ \frac{30}{3};$

$12 = \frac{12}{1}; \ \frac{24}{2}; \ \frac{36}{3};$ $16 = \frac{16}{1}; \ \frac{32}{2}; \ \frac{48}{3};$

$20 = \frac{20}{1}; \ \frac{40}{2}; \ \frac{60}{3};$ $35 = \frac{35}{1}; \ \frac{70}{2}; \ \frac{175}{5};$

$42 = \frac{42}{1}; \ \frac{84}{2}; \ \frac{420}{10};$ $93 = \frac{93}{1}; \ \frac{186}{2}; \ \frac{465}{5};$

$105 = \frac{105}{1}; \ \frac{315}{3}; \ \frac{630}{6};$ $2051 = \frac{2051}{1}; \ \frac{4102}{2}; \ \frac{6153}{3};$

Seite 19, Nr. 2   3; 6; 3; 7; 5; 5; 5; 12; 5; 3; 3; 11; 2; 9;

9; 5; 5; 3; 4; 4;

Nr. 3 $5\frac{2}{5}; \ 6\frac{1}{3}; \ 2\frac{3}{8}; \ 8\frac{5}{6}; \ 2\frac{5}{21}; \ 7\frac{3}{4}; \ 21\frac{1}{2}; \ 24\frac{2}{3};$

$8\frac{5}{7}; \ 7\frac{1}{2}; 1\frac{5}{26}; \ 6\frac{9}{35};$

Nr. 4 $\frac{11}{3}; \ \frac{39}{5}; \ \frac{57}{7}; \ \frac{77}{8};$ $\frac{67}{9}; \ \frac{165}{13}; \ \frac{100}{14}; \ \frac{167}{10};$ $\frac{67}{7}; \ \frac{97}{11}; \ \frac{43}{10}; \ \frac{114}{7};$

$\frac{79}{13}; \ \frac{440}{17}; \ \frac{161}{18}; \ \frac{150}{7};$

Seite 20, Nr. 4 $\frac{489}{25}; \ \frac{541}{26}; \ \frac{543}{31}; \ \frac{61}{24};$ $\frac{284}{7}; \ \frac{561}{19}; \ \frac{459}{46}; \ \frac{199}{17};$ $\frac{169}{25}; \ \frac{598}{19}; \ \frac{164}{11}; \ \frac{407}{31};$

$\frac{165}{17}; \ \frac{595}{11}; \ \frac{96}{41}; \ \frac{653}{35};$

Nr. 5 $\frac{8}{3}; \ \frac{17}{3}; \ \frac{23}{3};$ $\frac{27}{4}; \ \frac{39}{4}; \ \frac{5}{4};$ $\frac{22}{5}; \ \frac{17}{5}; \ \frac{42}{5};$ $\frac{47}{6}; \ \frac{13}{6}; \ \frac{56}{6};$

$\frac{8}{7}; \ \frac{37}{7}; \ \frac{24}{7};$ $\frac{52}{8}; \ \frac{12}{8}; \ \frac{60}{8};$ $\frac{20}{9}; \ \frac{52}{9}; \ \frac{10}{9};$ $\frac{25}{10}; \ \frac{75}{10}; \ \frac{71}{10};$

$\frac{86}{11}; \ \frac{93}{11}; \ \frac{20}{11};$ $\frac{53}{12}; \ \frac{40}{12}; \ \frac{75}{12};$ $\frac{18}{15}; \ \frac{64}{15}; \ \frac{34}{15};$ $\frac{123}{20}; \ \frac{25}{20}; \ \frac{81}{20};$

$\frac{272}{30}; \ \frac{80}{30}; \ \frac{35}{30}; \ \frac{905}{100}; \ \frac{1204}{100}; \ \frac{103}{100}.$

Seite 21, **Nr. 1** **a:** $1\frac{3}{4}$; **b:** $\frac{1}{11}$; **c:** $1\frac{3}{5}$; **d:** $\frac{1}{3}$; **e:** $1\frac{4}{7}$; **f:** $\frac{1}{7}$;

g: $1\frac{1}{3}$; **h:** $\frac{7}{32}$; **i:** $2\frac{1}{4}$; **j:** $\frac{1}{4}$;

Nr. 2 **a:** $18\frac{7}{8}$; **b:** $22\frac{4}{5}$; **c:** $18\frac{2}{11}$; **d:** $42\frac{5}{13}$;

e: $14\frac{1}{15}$; **f:** $18\frac{2}{7}$; **g:** 38; **h:** $19\frac{3}{7}$;

Seite 22, **Nr. 3** **a:** $2\frac{7}{8}$; **b:** $2\frac{3}{4}$; **c:** $3\frac{5}{7}$; **d:** $6\frac{9}{10}$; **e:** $3\frac{2}{7}$; **f:** $24\frac{1}{7}$;

g: $\frac{10}{31}$; **h:** 0; **i:** $13\frac{5}{16}$; **j:** $11\frac{8}{25}$;

Nr. 4 **a:** $10\frac{3}{11}$; **b:** $1\frac{20}{29}$; **c:** $13\frac{35}{47}$;

Seite 23, **Nr. 1** **a:** kgV: 30; **b:** kgV: 210; **c:** kgV: 72;

Seite 24, **Nr. 1** **d:** kgV: 168; **e:** kgV: 4200;

Nr. 2 **a:** $15\frac{23}{30}$; **b:** $6\frac{17}{20}$; **c:** $9\frac{23}{24}$; **d:** 17; **e:** $1\frac{7}{24}$;

f: $6\frac{1}{6}$; **g:** $10\frac{1}{6}$;

Seite 25, **Nr. 2** **h:** $2\frac{1}{8}$; **i:** $1\frac{7}{12}$; **j:** $1\frac{3}{8}$; **k:** $1\frac{17}{20}$; **l:** $11\frac{5}{12}$; **m:** $3\frac{2}{3}$; **n:** $3\frac{1}{24}$;

o: $4\frac{7}{15}$; **p:** $6\frac{23}{24}$; **q:** $6\frac{3}{8}$; **r:** $10\frac{17}{27}$; **s:** $1\frac{7}{12}$; **t:** $24\frac{23}{24}$; **u:** $\frac{11}{20}$;

v: $12\frac{3}{8}$; **w:** $5\frac{41}{42}$; **x:** $181\frac{11}{12}$; **y:** $49\frac{13}{24}$; **z:** $49\frac{31}{40}$;

Seite 26, **Nr. 1** $21\frac{2}{3}$ [km]; **2:** ja, es bleiben 2 kg übrig;

Nr. 3 ja, es bleiben $1\frac{79}{120}$ m übrig;

Seite 27, **Nr. 4** $\left(\frac{1}{2}+\frac{2}{3}\right)-\left(\frac{1}{3}-\frac{2}{5}\right)=\frac{49}{69}$;

Nr. 5 $5\frac{4}{7}-2\frac{5}{14}-\frac{13}{35}=2\frac{59}{60}$;

Nr. 6 $\left(\frac{1}{2}-\frac{2}{5}\right)+\left(\frac{1}{4}+\frac{2}{3}\right)=1\frac{1}{60}$;

Seite 27, Nr. 7 $(7\frac{9}{10} - 3\frac{2}{5}) + (34\frac{7}{12} - 18\frac{3}{4}) = 20\frac{1}{3}$;

Nr. 8 $(42\frac{7}{15} + 9\frac{5}{6} + 23\frac{3}{4}) - (51\frac{7}{20} - 28\frac{5}{8}) = 53\frac{13}{40}$;

Nr. 9 $36\frac{5}{8} - (13\frac{1}{4} + 9\frac{1}{12} + 4\frac{5}{12}) = 9\frac{7}{8}$;

Nr. 10 $100 - (9\frac{3}{4} + 54\frac{1}{2} + 15\frac{1}{6} + 9\frac{19}{20}) = 10\frac{19}{30}$;

Seite 28, Nr. 1 **a:** $2\frac{1}{3}$; **b:** $\frac{8}{11}$; **c:** $3\frac{2}{3}$; **d:** $\frac{2}{3}$; **e:** $2\frac{1}{2}$; **f:** $2\frac{6}{7}$;

g: 7; **h:** $8\frac{3}{4}$; **i:** $11\frac{3}{8}$; **j:** $11\frac{1}{3}$; **k:** $16\frac{2}{3}$; **l:** $3\frac{3}{4}$;

Seite 28, Nr. 2 **a:** $\frac{2}{5}$; **b:** $\frac{3}{5}$; **c:** $\frac{7}{20}$; **d:** $\frac{1}{7}$;

Seite 29, Nr. 2 **e:** $\frac{1}{5}$; **f:** $\frac{9}{20}$; **g:** $\frac{2}{45}$; **h:** $\frac{2}{3}$; **i:** $\frac{1}{6}$; **j:** $\frac{1}{5}$; **k:** $35\frac{2}{7}$; **l:** $19\frac{19}{20}$;

m: $16\frac{1}{8}$; **n:** $23\frac{3}{8}$; **o:** 7; **p:** $14\frac{26}{45}$; **q:** $8\frac{2}{7}$; **r:** $141\frac{2}{7}$;

s: $157\frac{5}{32}$; **t:** $176\frac{4}{5}$; **u:** $238\frac{1}{8}$; **v:** 51; **w:** 39; **x:** 10; **y:** 10; **z:** 90;

Seite 30, Nr. 1 **a:** $\frac{1}{4}$; **b:** $\frac{1}{10}$; **c:** $\frac{1}{10}$; **d:** $\frac{1}{6}$; **e:** $\frac{5}{8}$; **f:** $\frac{1}{10}$; **g:** $\frac{1}{6}$; **h:** $\frac{1}{8}$;

Nr. 2 **a:** $\frac{2}{9}$; **b:** $1\frac{13}{15}$; **c:** $2\frac{13}{36}$; **d:** $4\frac{3}{8}$; **e:** $18\frac{1}{3}$; **f:** $1\frac{2}{3}$;

Seite 31, Nr. 2 **g:** $\frac{4}{5}$; **h:** $2\frac{1}{7}$; **i:** $3\frac{4}{15}$; **j:** $1\frac{1}{3}$; **k:** $3\frac{1}{3}$; **l:** $6\frac{4}{19}$; **m:** $1\frac{17}{18}$;

n: $\frac{15}{22}$; **o:** $2\frac{37}{64}$; **p:** $\frac{20}{27}$; **q:** 4; **r:** $\frac{3}{16}$; **s:** $4\frac{1}{2}$; **t:** $\frac{2}{9}$;

u: $6\frac{3}{7}$; **v:** 44; **w:** $1\frac{3}{7}$; **x:** 10; **y:** 4; **z:** $\frac{2}{3}$;

Seite 32, Nr. 1 in einer Woche: $3\frac{3}{4}$ [Std.]; in einem Monat: 15 [Std.];

Nr. 2 1 964 [Tüten];

Nr. 3 Spaghetti: 7 120 [Schachteln]; Suppennudeln: 9 520 [Schachteln];
insgesamt: 16 640 [Schachteln]

Seite 33, **Nr. 4** $14 \cdot 10\frac{1}{2} = 147 = \frac{7}{12}$; $147 : \frac{7}{12}$ entspricht 252 [l];

Nr. 5 $3\frac{1}{5} : 4 = \frac{4}{5}$; **Nr. 6** $\frac{1}{4} : \frac{3}{8} = \frac{2}{3}$; **Nr. 7** $\frac{3}{4} : 3\frac{2}{5} = \frac{15}{68}$;

Nr. 8 2; **Nr. 9** $\frac{4}{15}$;

Seite 34, **Nr. 1** 3; **Nr. 2** 26; **Nr. 3** 1; **Nr. 4** 1;

Nr. 5 0; **Nr. 6** $15\frac{4}{35}$; **Nr. 7** 100; **Nr. 8** 1; **Nr. 9** 44

Seite 35, **Nr. 1** $\frac{7}{9}$; **Nr. 2** $2\frac{1}{4}$; **Nr. 3** $\frac{5}{8}$; **Nr. 4** $\frac{66}{71}$; **Nr. 5** $\frac{12}{25}$;

Nr. 6 0; **Nr. 7** $3\frac{31}{225}$;

Seite 36, **Nr. 8** $\frac{5}{24}$; **Nr. 9** $\frac{6}{25}$; **Nr. 10** 3; **Nr. 11** 2;

Nr. 12 $\frac{9}{40}$; **Nr. 13** $13\frac{3}{4}$; **Nr. 14** $4\frac{3}{4}$;

Seite 37, **Nr. 15** $1\frac{7}{12}$; **16:** $\frac{1}{4}$; **17:** $\frac{3}{8}$; **18:** $1\frac{3}{4}$ [m];

Nr. 19 13 [Flaschen]; es bleibt nichts übrig;

Seite 38, **Nr. 20** 6 [Minuten];

Nr. 21 Glas: 126 [€]; Gesamtpreis: 182 [€];

Nr. 22 $\frac{1}{6}$;

Seite 39, **Nr. 1** **a:** 0,6; **b:** 0,75; **c:** 0,625; **d:** 0,35; **e:** 0,12; **f:** 0,325; **g:** 0,145;
h: 0,054; **i:** 0,84; **j:** 0,104; **k:** 0,095; **l:** 0,014; **m:** 0,975; **n:** 0,325;

Nr. 2 **a:** 0,15; **b:** 0,6; **c:** 0,08; **d:** 0,075; **e:** 0,8; **f:** 0,25; **g:** 0,1; 0
h: 0,08; **i:** 0,175; **j:** 0,6; **k:** 0,2; **l:** 0,062;

Seite 40, Nr. 3 a: ≈ 0,56; **b:** ≈ 0,36; **c:** ≈ 0,59; **d:** ≈ 0,39; **e:** ≈ 0,48; **f:** ≈ 0,44;
g: ≈ 0,95; **h:** ≈ 0,64; **i:** ≈ 0,92; **j:** ≈ 0,78;

Seite 41, Nr. 3 **k:** ≈ 0,12; **l:** ≈ 0,29; **m:** ≈ 0,89; **n:** ≈ 0,86; **o:** ≈ 0,69; **p:** ≈ 0,22;
q: ≈ 0,41; **r:** ≈ 0,66; **s:** ≈ 0,99; **t:** ≈ 0,71; **u:** ≈ 2,02;
v: ≈ 4,71; **w:** ≈ 6,42; **x:** ≈ 46,43;

Seite 42, Nr. 1 **a:** $\frac{2}{5}$; **b:** $\frac{4}{5}$; **c:** $\frac{3}{25}$; **d:** $\frac{7}{20}$; **e:** $\frac{3}{5}$; **f:** $\frac{11}{20}$; **g:** $\frac{3}{20}$; **h:** $\frac{13}{20}$;

Nr. 2 **a:** ≈ 0,4; **b:** ≈ 0,8; **c:** ≈ 0,7; **d:** ≈ 0,1; **e:** ≈ 0,4;
f: ≈ 0,1; **g:** ≈ 0,6; **h:** ≈ 0,3; **i:** ≈ 0,5;

Nr. 3 **a:** ≈ 0,36; **b:** ≈ 0,19; **c:** ≈ 0,01; **d:** ≈ 0,68; **e:** ≈ 0,33;
f: ≈ 0,71; **g:** ≈ 0,56; **h:** ≈ 0,20; **i:** ≈ 0,77;

Nr. 4 **a:** ≈ 0,124; **b:** ≈ 0,769; **c:** ≈ 0,31; **d:** ≈ 0,503; **e:** ≈ 0,988;
f: ≈ 0,194; **g:** ≈ 2,454; **h:** ≈3,076; **i:** ≈ 7,646;

Seite 43, Nr. 1 **a:** 3,27 €; **b:** 4,38 €; **c:** 6,48 €; **d:** 9,45 €; **e:** 5,64 €;
f: 8,76 €; **g:** 5,47 €; **h:** 8,90 €; **i:** 3,48 €; **j:** 8,76 €;
k: 52,34 €; **l:** 17,89 €; **m:** 76,34 €; **n:** 75,09 €; **o:** 43,91 €;
p: 1 265 Cent; **q:** 1 387 Cent; **r:** 4 581 Cent;

Nr. 2 **a:** 5,4 cm; **b:** 9,2 cm; **c:** 4,7 cm; **d:** 61,5 cm; **e:** 18,6 cm;
f: 56,4 cm; **g:** 6,7 dm; **h:** 3,4 dm; **i:** 9,7 dm; **j:** 30,9 dm;
k: 14,5 dm; **l:** 68,7 dm; **m:** 1,9 m; **n:** 7,6 m; **o:** 6,0 m;
p: 50,1 m; **q:** 70,9 m; **r:** 45,5 m; **s:** 0,457 km; **t:** 0,619 km;
u: 0,528 km; **v:** 5,225 km; **w:** 4,578 km; **x:** 3,009 km;

Seite 44, Nr. 3 **a:** 0,654 kg; **b:** 0,830 kg; **c:** 0,901 kg; **d:** 8,954 kg; **e:** 8,704 kg;
f: 3,423 t; **g:** 4,332 t; **h:** 97,532 t; **i:** 8,754 t;

Nr. 4 **a:** 9,57 hl ; **b:** 6,09 hl; **c:** 5,67 hl; **d:** 56,77 hl; **e:** 63,21 hl;
f: 200,99 hl; **g:** 432,56 hl; **h:** 8 903,21 hl; **i:** 876,89 hl;

Nr. 5 **a:** 32,12 cm²; **b:** 54,06 dm²; **c:** 453,21 m²;
d: 655,04 dm²; **e:** 907,45 cm²; **f:** 1 045,67 m²;

Seite 44, Nr. 6   **a:** 4,53 €;   **b:** 0,754 km;   **c:** ≈ 9,85 m;   **d:** 75,49 hl;   **e:** 5,434 kg;

f: ≈ 8,438 km;   **g:** 45,09 €;   **h:** ≈ 57,699 km;   **i:** ≈ 0,765 t;

j: ≈ 0,868 km;   **k:** 43,25 m²;

l: ≈ 85,68 dm²   **m:** ≈ 3,54 m²;   **n:** ≈ 198,43 m²;

o: 235,43 m²;   **p:** ≈ 363,49 m²;

Seite 45, Nr. 1   **a:** 131,4202;   **b:** 1088,666;   **c:** 192,3024;   **d:** 174,532;

Seite 46, Nr. 1   **e:** 272,230;   **f:** 149,7879;   **g:** 7992,62;   **h:** 1420,33;

i: 82,3334;   **j:** 1160,85;   **k:** 867,350;   **l:** 1337,742;

Seite 47, Nr. 2   **a:** 657,308;   **b:** 94,182;   **c:** 7257,6866;   **d:** 32,0998;   **e:** 104,209;

f: 409,8873;   **g:** 52,8866;   **h:** 1083,24;   **i:** 224,14077;

j: 20,2685;   **k:** 9074,16;   **l:** 4,557879;   **m:** 6590,71;

n: 843,520;   **o:** 22,070;   **p:** 0,93864;   **q:** 882,104;

r: 2,1063;   **s:** 0,00877;   **t:** 201,14 ;   **u:** 1,76147;

Seite 48, Nr. 3   **a:** 146,710;   **b:** 879,654;   **c:** 279,773;   **d:** 1,6837;

e: 10,296;   **f:** 11,934;

Seite 49, Nr. 3   **g:** 177,895;   **h:** 195,795;   **i:** 85,024;   **j:** 839,3;   **k:** 48,5396;

l: 2,5354;   **m:** 601,01;   **n:** 5,8256;

Seite 50, Nr. 1   4,33 [€];

Nr. 2   nein, er könnte noch 115 kg zuladen;

Nr. 3   238,395 [kg];

Seite 51, Nr. 4   nein, 202,5 l passen nicht hinein;

Nr. 5   92,7 [km];

Nr. 6   75,25 [€];   **7:** 22,362 [t];

Seite 52, **Nr. 8** 12,7161; **Nr. 9** 15,058; **Seite 52,** **Nr. 10** 0,6803; **Nr. 11** 68,642;

Nr. 12 406,542; **Nr. 13** 521,3977; **Nr. 14** 240,98447; **Nr. 15** 206,121;

Seite 53, **Nr. 1** a: 312,3; b: 227,1; c: 333,92; d: 739,2; e: 31,926; f: 140,04;
g: 1,284; h: 21,80; i: 27,846; j: 103,278; k: 466,83; l: 154,72;

Nr. 2 a: 5187,623; b: 104,355; c: 12062,4; d: 1576,722;

Seite 54, **Nr. 2** e: 31635,996; f: 59977,5; g: 83920,076; h: 14,13;
i: 1640,2064; j: 118,368; k: 107644,44; l: 1421,31;

Nr. 1 a: 41,53152; b: 7,5677; c: 85,12461; d: 24,9075;

Seite 55, **Nr. 1** e: 827,7024; f: 17,1022; g: 1,80068; h: 14,53528;
i: 399,7952; j: 190,702; k: 86,07786; l: 24,90750;

Nr. 2 a: 372,1024 € ≈ 372,10 €;
b: 46,1314 € ≈ 46,13 €;
c: 1 202,3913 kg ≈ 1 202,391 kg;
d: 1 4095,5912 kg ≈ 1 4095,591 kg;

Seite 56 **Nr. 2** e: 18,20258 m ≈ 18,20 m; f: 554,942 cm ≈ 554,94 cm;
g: 86,3379 hl ≈ 86,34 hl; h: 52,848 hl ≈ 52,85 hl;
i: 20,2537 t ≈ 20,254 t; j: 122,76432 t ≈ 122,764 t;
k: 0,01184 m² ≈ 0,01 m²; l: 15,529 mm² ≈ 15,53 mm²;
m: 0,19152 m³ ≈ 0,192 m³; n: 46,1314 cm³ ≈ 46,131 cm³;
o: 5,4005 g ≈ 5,401 g; p: 28,8218 km ≈ 28,822 km;

Seite 57, Nr. 1   **a:** 11,89;   **b:** 14,35;   **c:** 23,01;   **d:** 29,07;

Seite 58, Nr. 1   **e:** 25,98;   **f:** 3,0004;   **g:** 0,257;   **h:** 0,034;   **i:** 12,3;
j: 8,4;   **k:** 89,2;   **l:** 0,025;

Seite 59, Nr. 1   **a:** 82,3;   **b:** 9,12;   **c:** 13,7;   **d:** 81,2;
e: 31,8;   **f:** 54,1;   **g:** 91,5;   **h:** 41,9;

Seite 60, Nr. 1   **i:** 49,7;   **j:** 24,9;   **k:** 0,047;   **l:** 87,2;
m: 2,5;   **n:** 4,23;   **o:** 5,55;   **p:** 42,5;
q: 1,5;   **r:** 0,25;

Seite 61, Nr. 2   **a:** 7,559 € ≈ 7,56 €;   **b:** 6,586 € ≈ 6,59 €;
c: 1,1702 kg ≈ 1,170 kg;   **d:** 21,8765 kg ≈ 21,877 kg ;
e: 9,2367 kg ≈ 9,237 kg;   **f:** 0,2906 km ≈ 0,291 km;

Seite 62, Nr. 2   **g:** 4,892 m² ≈ 4,89 m²;   **h:** 2,953 m² ≈ 2,95 m²;
i: 2,098 hl ≈ 2,1 hl;   **j:** 55,484 l ≈ 55,48 l;
k: 17,4180 t ≈ 17,418 t;   **l:** 35,0180 g ≈ 35,018 g;
m: 12,626 mm ≈ 12,63 mm;   **n:** 283,140 dm ≈ 283,14 dm;

Seite 63, Nr. 1   1 392 [Flaschen]; es bleiben 0,6 l übrig;

Nr. 2   461 [m];

Nr. 3   12 000 [Packungen];

Seite 64, Nr. 4   50 [Waggons]; **Nr. 5** ≈ 760,47 [km]; **Nr. 6** 0,005;

Nr. 7   2,016; **Nr. 8** 6,25;

Seite 65, **Nr. 1** 38,85; **Nr. 2** 8,74; **Nr. 3** 24,9; **Nr. 4** 40;

Nr. 5 1 000; **Nr. 6** 0,0528; **Nr. 7** 13,5; **Nr. 8** 6 230;

Seite 66, **Nr. 9** 8; **Nr. 10** 8; **Nr. 11** 350; **Nr. 12:** 20; **Nr. 13** 650;

Nr. 14 9; **Nr. 15** 1,25;

Seite 67, **Nr. 1** 135,30 [€]; **Nr. 2** 49,5 [kg]; **Nr. 3** 316,05 [€];

Seite 68, **Nr. 4** 0,24 [€]; **Nr. 5** 50 [Min]; **Nr. 6** ≈ 82,43 [€]; **Nr. 7** ≈ 53,89 [l];

Seite 69, **Nr. 8** 3 458,25 [€]; **Nr. 9** 21,55 [€]; **Nr. 10** ≈ 130 [km/h];

Seite 70 **Nr. 11** 718,30 [€]; **Nr. 12** 83,75; **Nr. 13** 32,471; **Nr. 14** 2,145;

Nr. 15 690,559; **Nr. 16** 80,5552;

Seite 71, **Nr. 17** 19,7239; **Nr. 18** 58,5; **Nr. 19** 11,807; **Nr. 20** 0,0877;

Nr. 21 28,53; **Nr. 22** 17,25;

Seite 72, **Nr. 1** **a:** 6,69; **b:** $\frac{1}{14}$; **c:** 0,12 oder $\frac{3}{20}$; **d:** $4\frac{23}{40}$; **e:** $1\frac{1}{2}$;

Seite 73, **Nr. 1** **f:** 8; **g:** $14\frac{4}{9}$; **h:** $3\frac{3}{7}$; **i:** $1\frac{37}{45}$;

j: $68\frac{1}{11}$; **k:** 8,2275; **l:** $44\frac{1}{8}$; **m:** $70\frac{1}{5}$; **n:** 1;

o: $\frac{9}{14}$ **p:** $50\frac{5}{16}$ oder 50,3125; **q:** 12,4 oder $4\frac{2}{5}$

Seite 74, **Nr. 2** 830 [g] oder 0,883 [kg]; **Nr. 3** 6 427,70 [€]; **Nr. 4** 4,53 [m];·

Seite 75, **Nr. 5** 8 400 [l]; 33,6 [Min.] = 33 Min. 36 Sek.; **Nr. 6** 8,25 [€]

Nr. 7 1 440 [Packungen]

Seite 76, **Nr. 1** 56 624,40 [€]; **Nr. 2** 27,30 [€];

Nr. 3 Fliesen: 408,24 [€]; Arbeitszeit: 402,50 [€]; gesamt 810,74 [€];

Seite 77, Nr. 4 ≈ 209,85 [€]; **Nr. 5** nein, es fehlen 0,15 m²;

Nr. 6 ja, denn es werden nur 291,80 m Draht benötigt;

Seite 78, Nr. 1 6 [m³]; **Nr. 2** $33\frac{1}{3}$ [Min] oder 33 Min, 20 Sek;

Nr. 3 12,5 [m];

Seite 79, Nr. 4 1,20 [m]; **Nr. 5** 4 [m³] = 4 000 [l]; **Nr. 6** ≈ 9,5 [Zentner];

Anhang

UR = Umrechnungszahl

Längenmaße

1 cm = 10 mm	UR = 10
1 dm = 10 cm = 100 mm	UR = 10
1 m = 10 dm = 100 cm = 1 000 mm	UR = 10
1 km = 1 000 m	UR = 1 000

Flächenmaße

1 cm² = 100 mm²	UR = 100
1 dm² = 100 cm²	UR = 100
1 m² = 100 dm²	UR = 100
1 km² = 1 000 000 m²	UR = 1 000 000
1 a = 100 m²	UR = 100
1 ha = 100 a = 10 000 m²	UR = 100

Raummaße

1 cm³ = 1 000 mm³	UR = 1 000
1 dm³ = 1 000 cm³	UR = 1 000
1 m³ = 1 000 dm³	UR = 1 000
1 m³ = 1 000 l	UR = 1 000

Gewichte

1 g = 1 000 mg	UR = 1 000
1 kg = 1 000 g	UR = 1 000
1 t = 1 000 kg = 1 000 000 g	UR = 1 000
1 Pfd. = 500 g	UR = 500

Zeitmaße

1 Minute = 60 Sekunden (Sek.)	UR = 60
1 Stunde = 60 Minuten (Min.)	UR = 60
1 Tag = 24 Stunden (Std.)	UR = 24
1 Woche = 7 Tage	UR = 7
1 Monat = 4 Wochen	UR = 4
1 Jahr = 12 Monate = 365 Tage	UR = 365

Hohlmaße

1 hl	=	100 l	UR = 100	
1 dm³	=	1 l		
1 m³	=	1 000 l	UR = 1 000	

Geld

1 € = 100 Cent   UR = 100

Teilbarkeitsregeln

Eine Zahl ist teilbar durch:

2, wenn es eine gerade Zahl ist
3, wenn die Quersumme der Zahl durch 3 teilbar ist   Beispiel: 18 - Quersumme 9
4, wenn die beiden letzten Ziffern durch 4 teilbar sind oder 00 sind   Beispiel: 124, 200, 640
5, wenn am Schluss eine 0 oder 5 steht
6, wenn die Zahl durch 2 und 3 teilbar ist
8, wenn die drei letzten Ziffern durch 8 teilbar sind oder 000 sind   Beispiel: 1000, 5 248, 872
9, wenn die Quersumme durch 9 teilbar ist   Beispiel: 972 - Quersumme 18
10, wenn am Ende eine 0 steht

Umfangberechnung

$U_{Qu} = 4 \cdot a$
$U_R = 2 \cdot a + 2 \cdot b$ oder
       $2 \cdot (a + b)$

Flächenberechnung

$A_{Qu} = a \cdot a$

$A_R = a \cdot b$ oder
       $l \cdot b$

Volumenberechnung

$V_{Qu} = a \cdot b \cdot c$ oder
       $l \cdot b \cdot h_k$